Technische Massenkristallisation

Technische Massenkristallisation

von

Dozent Dr.-Ing. KARL-HEINRICH BAUMANN
Merseburg

und

Dr. HEIDELORE VOIGT
Freiberg

Mit 55 Abbildungen und 10 Tabellen

Akademie-Verlag · Berlin
1984

Erschienen im Akademie-Verlag, DDR-1086 Berlin, Leipziger Straße 3—4

Lizenznummer: 202 · 100/447/84
Printed in the German Democratic Republic
Gesamtherstellung: VEB Druckhaus „Maxim Gorki", 7400 Altenburg
Lektor: Gisela Güntherberg
LSV 1214
Bestellnummer: 762 509 1 (6551)
03200

Vorwort

Der grundlegenden Untersuchung der Prozesse der Massenkristallisation aus Lösungen wird in der jüngsten Zeit verstärkt Aufmerksamkeit geschenkt. Obwohl dieser Prozeß bereits seit dem vergangenen Jahrhundert industriell bei der Herstellung von Roh- und Weißzucker und der Erzeugung von Soda Anwendung findet und seine systematische Erforschung bereits geraume Zeit betrieben wird, kann bis jetzt nicht behauptet werden, daß die Vorgänge und Zusammenhänge, die diesen Prozeß charakterisieren, ausreichend geklärt sind.

Die Auswahl des Stoffes wurde von uns so getroffen, daß neben dem Bewährten auch modernere Erkenntnisse der Forschung auf diesem Gebiet Eingang fanden. Der Umfang des Buches setzte hier jedoch Grenzen, so daß nur einige Aspekte der Massenkristallisation aus Lösungen ausführlicher behandelt werden. Die Gestaltung und Auswahl von Kristallisatoren und Nebeneinrichtungen, wie Pumpen, Armaturen, Wärmeübertrager, wurde nicht berücksichtigt. Gleichfalls konnte nicht auf spezielle Fragen der Kristallisatorkonstruktion eingegangen werden. Hierzu muß auf die bekannten einschlägigen Monographien verwiesen werden.

Nach einführenden Betrachtungen im Kap. 1 werden im Kap. 2 die physikalisch-chemischen Grundlagen der Kristallisation dargelegt. Im Kap. 3 wird der Versuch unternommen, die Vielzahl der bekannten und ausgeführten Kristallisatorbauarten nach charakteristischen Eigenschaften zu ordnen, die für die mathematische Modellierung von Kristallisatoren entscheidend sind. Kapitel 4 hat das Kristallzahlbilanzprinzip, eine wesentliche Grundlage der modernen Kristallisatormodellierung, zum Inhalt. Kapitel 5 ist der Darstellung verschiedener Kristallisatormodelle gewidmet. Dabei wird auf die im Kap. 3 herausgearbeiteten Charakteristika zurückgegriffen. Die einzelnen Unterabschnitte sind so gestaltet, daß sie, mit Ausnahme der Beispiele 2 bis 4, unabhängig voneinander gelesen werden können. Die angegebenen Berechnungsmodelle stellen jedoch keine universellen Lösungen dar. Der Anwender muß ihre Eignung für seine Probleme sorgfältig prüfen und eventuell nach dem vorgestellten Muster neue spezielle Berechnungsgleichungen finden. Im abschließenden Kap. 6 konnte nur angedeutet werden, welche Bedingungen bei der Bestimmung der in den Modellgleichungen auftretenden Kristallwachstums- und Keimbildungsgeschwindigkeiten zu beachten sind.

Akademiemitglied Prof. Dr. Dr. sc. nat. h. c. H.-H. Emons sei an dieser Stelle für die Anregung zum Schreiben dieses kleinen Buches und das stete Interesse an seiner Entstehung gedankt. Herrn *Prof. Dr. rer. nat. habil. S. Engels* gilt unser Dank für die kritische Durchsicht des Manuskriptes.

Wir hoffen, hiermit einen Beitrag zum besseren Verständnis der vielgestaltigen Prozesse der Massenkristallisation aus Lösungen zu leisten.

Die Autoren

Inhaltsverzeichnis

Verzeichnis der verwendeten Symbole

Symbol	Bedeutung	Einheit
a, b, c	Konstanten	—
h, k, l	MILLERsche Indizes	—
x, y, z	Raumkoordinaten	m
$b(L_1, L_2)$	Zerfallsfunktion	m^{-1}
c	Konzentration der Lösung	$kmol/m^3$
c_s	Sättigungskonzentration	$kmol/m^3$
c_i	Grenzflächenkonzentration	$kmol/m^3$
c_0	Volumenkonzentration	$kmol/m^3$
c_r	Löslichkeit von Teilchen mit der Größe r	$kmol/m^3$
c_t	Konzentration der Lösung zur Zeit t	$kmol/m^3$
c_∞	Löslichkeit eines groben Kristalls $r \to \infty$	$kmol/m^3$
Δc_{max}	Grenzübersättigung der Lösung	$kmol/m^3$
c_p	mittlere spezifische Wärme	J/(kg K)
$g(L)$	Zerstörungsgeschwindigkeit	s^{-1}
Δh_v	Verdampfungsenthalpie	J/kg; J/kmol
Δh_K	Kristallisationsenthalpie	J/kg; J/kmol
j	Exponent in Gl. (5–3)	—
K	BOLTZMANNsche Konstante bzw. experimentelle Konstante	J/K
K_m	Massenübergangskonstante	$kg/m^2/s$
K_d	Massenübergangskonstante der Diffusion	$kg/m^2/s$
K_r	Geschwindigkeit der Oberflächenreaktion	$kg/m^2/s$
m	Triebkraftexponent in der Gleichung für die Kristallwachstumsgeschwindigkeit	—
m	Masse	kg
m_K	Kristallmasse in der Suspension	kg
$\overline{m}_{K1N}$	mittlere Masse eines Keimkristalls	kg
$\dot{m}$	Massenstrom	kg/s
n	Molzahl	kmol
n	Triebkraftexponent in der Gleichung für die Keimbildungsgeschwindigkeit	—
$n(L)$	Anzahlverteilungsdichte	$St/(m^3\ m)$
p	Zahl der Moleküle im kritischen Keim bzw. Neigung der Wachstumsfront	St
$p(L_i)$	Agglomerationswahrscheinlichkeit	—
p_F	Abscheidefunktion für Feinkorne	—
q	Stufenfluß	s^{-1}
r	Radius eines Teilchens	m
r_G	Massenablagerungsgeschwindigkeit	kg/s
r_i	Änderungsgeschwindigkeit	m/s
r_K	kritischer Radius	m
r_L	Kristallwachstumsgeschwindigkeit	m/s
r_N	Keimbildungsgeschwindigkeit	$St/m^3/s$
r'_N	Geschwindigkeit der zweidimensionalen Keimbildung	$St/m^2/s$
r_w	Massenzuwachsgeschwindigkeit	$kg/(m^2\ s)$

t	Zeit	s
u	Stufengeschwindigkeit	m/s
v	Flächenwachstumsgeschwindigkeit bzw. Molvolumen	m/s
$v_{h,k,l}$	Flächenverschiebungsgeschwindigkeit	m/s
$\bar{v}$	mittlere Flächenverschiebungsgeschwindigkeit	m/s
v_z	Bewegungsgeschwindigkeit der Kristalle in z-Richtung	m/s
w	Relativgeschwindigkeit zwischen Kristallen und Lösung	m/s
x_s	Gleichgewichtskonzentration bei der Temperatur T	Ma.-Anteil
y_i	Eigenschaftskoordinaten	m, kg, m²...
z	Ortskoordinate	m

A	Wärmeübertragungsfläche	m^2
A_K	Keimbildungsarbeit	J
B	Kristallbildungsfunktion	$St/(m^3\ m)$
D	Diffusionskoeffizient	m^2/s
D	Zerstörungsfunktion	$St/(m^3\ m)$
E_A	Aktivierungsenergie	J/kmol
E_D	freie Aktivierungsenthalpie der Diffusion	J
F	Freiheitsgrad	—
G	freie Enthalpie pro Mol	J/kmol
G_E	elastische Energie	J/kmol
G_I	Grenzflächenenthalpie	J/m^2
G_V	Volumenenthalpie	J/m^3
H	Höhe	m
J_0	Aktionskonstante	$St/m^3/s$
J_0'	Aktionskonstante der zweidimensionalen Keimbildung	$St/m^2/s$
K	Wärmedurchgangskoeffizient	$W/m^2/K$
K_A	Agglomerationskoeffizient	$m^3/(St \cdot s)$
K_G	Gesamtwachstumsgeschwindigkeitskoeffizient	m/s
K_L	Kristallwachstumsgeschwindigkeitskonstante	m/s
K_N	Keimbildungsgeschwindigkeitskonstante	$St/(m^3 \cdot s)$
K_W	Massenzuwachsgeschwindigkeitskonstante	$kg/(m^2 \cdot s)$
K_Z	Kristallzerstörungskoeffizient	s^{-1}
L	Kristallgröße	m
$\bar{L}$	mittlere Kristallgröße	m
L_H	häufigster Kristall der Massenhäufigkeitsverteilung	m
L_K	Größe des kritischen Keims	m
L_N	Keimkristallgröße	m
M	Molekulargewicht	kg/kmol
$MSMPR$	Kristallisator mit ideal durchmischter Suspension (Mixed Suspension Mixed Product Remouval)	—
N	Gesamtkristallzahl	Stück
N_L	LOSCHMIDT-Konstante	mol^{-1}
O	Oberfläche	m^2
P	Phase, Punkt	—
$\dot{Q}$	Wärmestrom	W
R	Gaskonstante	J/kmol/K
T	Temperatur	K
ΔT_m	mittlere Triebkraft der Wärmeübertragung	K

V	Volumen	m^3
V_{SB}	Suspensionsvolumen im Kristallisator	m^3
$\dot{V}_i$	Suspensionsvolumenstrom	m^3/s
α	Übersättigung bzw. Volumenfaktor	—
α'	Unterkühlung	K
β	relative Übersättigung (Übersättigungszahl) bzw. Oberflächenfaktor	—
β'	prozentuale Übersättigung	—
β_K	kritische Übersättigung	—
δ	Diffusionsschichtdicke	m
Δ	Änderung von Größen	—
ϑ	Randwinkel	°
η_i	Verteilungsdichte der Kristalle in V_i	$St/(m^3\ m)$
Φ	Faktor	—
γ	Übersättigungsverhältnis	—
Γ	Kapillarkonstante	m
λ	Entfernung zwischen Stufen	m
μ	Mittelwert der Keimgrößenverteilung nach Gl. (4–13)	m
μ	chemisches Potential	J/kmol
$\nu(L, t)$	Anzahlverteilungsdichte	St/m
ψ	relative Verteilungsdichte der Kristallkeime	m^{-1}
ϱ_{FS}	Dichte des Feststoffes	kg/m^3
ϱ_K	Kristalldichte	kg/m^3
σ	Streuung der Massenhäufigkeitsverteilung der Kristalle	m
σ	Grenzflächenspannung	N/m
τ	Induktionszeit	s
τ	mittlere Verweilzeit	s

Indizes

A	Austritt
A	Agglomeration
E	Eintritt
F	Feinkorn
FS	Feststoff
hom	homogen
het	heterogen
K	Kristall, kritisch
L	Lösung
LM	Lösungsmittel
SA	Suspension am Kristallisatoraustritt
SB	Suspension im Kristallisationsbehälter
V	verdampft
Z	Zerstörung
I, II, III	Phasenbezeichnung
0	Anfangswert
∞	großer Kristall, Sättigung

1. Einleitung

Die Kristallisation mit dem Ziel der Bildung einer kristallinen Phase gehört zu den Grundoperationen der thermischen Verfahrenstechnik und dient hauptsächlich zur Trennung, Reinigung und auch Formgebung von Stoffen.

Bei der Produktion der meisten anorganischen Salze (z. B. NaCl, Na_2CO_3, KCl, KNO_3, K_2SO_4) sowie einer Reihe organischer Stoffe (z. B. p-Xylen, Zucker) und hochpolymerer Verbindungen (z. B. Polyethylen) nimmt die Kristallisation eine zentrale Stellung innerhalb des Gewinnungsverfahrens ein. Tabelle 1–1 zeigt Produktionszahlen einiger wichtiger, durch Kristallisation gewonnener Produkte [1, 2].

In den letzten Jahren gewinnt auch die massenweise Züchtung von Einkristallen für die optische, elektroakustische und Halbleiterindustrie zunehmend an Bedeutung.

Als Kristallisation versteht man die Abscheidung fester kristalliner Phasen aus Lösungen, Schmelzen oder Gasen sowohl in der physikalisch-chemischen Betrachtung des Phasenüberganges als auch seiner technischen Realisierung. Ein Spezialfall der Kristallisation ist die Fällung, bei der die selektive Ab-

Tabelle 1–1

Produktionszahlen einiger durch Kristallisation gewonnener Produkte (1979) [1, 2]

Produkt	Einheit	Menge
Steinsalz	1000 t	2997,4
Siedesalz	1000 t	54,6
Natriumcarbonat	1000 t	860,5
Natriumsulfat	1000 t	130,8*)
Zucker	1000 t	792,4
Kalidüngemittel (hauptsächlich Kaliumchlorid, Kaliumsulfat)	1000 t K_2O	3395,0
Stickstoffdüngemittel (hauptsächlich Harnstoff, Kaliumnitrat, Ammoniumsulfat)	1000 t N	874,8

*) 1978

scheidung einer festen Phase aus einer Lösung durch eine chemische Reaktion erfolgt.

Die Bildung einer neuen Phase erfolgt durch das Zusammenwirken von Keimbildung, Kristallwachstum, OSTWALD-Reifung, Agglomeration und Rekristallisation, wobei sich die Teilschritte des Kristallisationsprozesses zeitlich überlagern.

Ausschlaggebend für die Kristallisation ist die Übersättigung des Systems, die je nach der Temperaturabhängigkeit der Löslichkeit durch Abkühlung bzw. Aufheizung, durch Verdampfen von Lösungsmitteln, Zusatz von anderen löslichen Stoffen zur Lösung oder durch Kombination dieser Methoden erreicht werden kann.

In der vorliegenden Literatur werden verschiedene Unterteilungen der Kristallisation vorgeschlagen. So kann in Übereinstimmung mit dem Aggregatzustand der „Mutterphase" eine Kristallisation aus fester, flüssiger oder dampfförmiger Phase betrachtet werden. Entsprechend den äußeren Bedingungen unter denen die Kristallisation durchgeführt wird, erfolgt eine Einteilung in Verdampfungskristallisation, Kühlungskristallisation, Vakuumkristallisation, Druckkristallisation und Aussalzung oder Fällungskristallisation. Eine andere Variante ist durch die Einbeziehung von Hilfsstoffen gegeben. Als hilfsstofffreie Kristallisation bezeichnet man die Schmelzkristallisation und die Sublimation ohne Trägergas. Zur Hilfsstoffkristallisation werden unter anderem die Lösungskristallisation und die Bildung kristalliner Additionsverbindungen (Clathrate, Addukte) gezählt. Weitere Möglichkeiten der Einteilung bestehen einerseits in der Betrachtung des Endproduktes, d. h. ob Einkristalle gezüchtet werden oder ein polykristallines Massenprodukt entsteht, andererseits in der Unterscheidung zwischen einfacher (nur ein Stoff ist kristallisierbar) oder fraktionierter (mindestens zwei Stoffe kristallisieren) Kristallisation.

Tabelle 1–2 zeigt Beispiele für die Einteilung der Kristallisationsprozesse nach der Erzeugung der Übersättigung [10].

Da zum gegenwärtigen Zeitpunkt vor allem die technische Massenkristallisation aus flüssigen Phasen, besonders aus Lösungen, im industriellen Maßstab im Vordergrund steht, wird ihr im folgenden besondere Aufmerksamkeit gewidmet. Die Züchtung von Einkristallen sowie die Reinigung von Substanzen durch Zonenschmelzen, die Kristallisation hochpolymerer Stoffe und die Sublimationskristallisation, die technisch hauptsächlich zur Produktion von Metallen, Spezialprodukten und kleintonagigen anorganischen und organischen Produkten verwendet wird, werden trotz aller Bedeutung nicht in die Betrachtungen einbezogen. Über diese Gebiete der Kristallisation empfiehlt es sich, bei MATZ [3], DIELS und JAECKEL [4, 5], WILKE [6] und ULLMANN [7] nachzulesen.

Obwohl die Kristallisation ein bei der Erzeugung kristalliner oder zumindest teilweise kristallin anfallender Massenprodukte häufig angewendetes Verfahren ist, ist die Theorie der Kristallisation noch nicht auf dem Stand, der eine ausreichend genaue Beschreibung bzw. ein Erarbeiten mathematischer Modelle für den technologischen Prozeß umfassend ermöglicht. In den letzten

Tabelle 1–2

Beispiele für die Einteilung der Kristallisationsprozesse nach der Erzeugung der Übersättigung [10]

Einteilungsprinzip	Beispiele
Kühlungskristallisation	Kristallisation von KCl Kristallisation von $Na_2SO_4 \cdot 10\,H_2O$ Kristallisation von KNO_3 Kristallisation von NH_4NO_3 Kristallisation von Harnstoff Kristallisation von $AlCl_3$ aus der Gasphase
	Kristallisation von Metallen aus ihren Schmelzen
	Herstellung partiell kristallisierter Gläser (Vitrokerame)
Verdampfungskristallisation	Kristallisation von $NaCl$ Kristallisation von $(NH_4)_2SO_4$ Kristallisation von $MgCl_2 \cdot 6\,H_2O$ Kristallisation von $AlCl_3 \cdot 6\,H_2O$
Verdrängungskristallisation	Kristallisation von Na_2SO_4 (Aussalzen mit $NaCl$)
	Kristallisation von Na_2SO_4 (Aussalzen mit Aceton)
Reaktions- und Fällungskristallisation	Kristallisation von $CaSO_4 \cdot 2\,H_2O$ bzw. $CaSO_4 \cdot 1/2\,H_2O$ beim Phosphataufschluß
	Kristallisation von $CaCO_3$ bei der $(NH_4)_2SO_4$-Herstellung
	Fällung von $Mg(OH)_2$ aus Meerwasser oder aus $MgCl_2$-Lösungen mit Calciumhydroxid
	Hydrolytische Eisenfällung bei der Reinigung von $ZnSO_4$- und $NiSO_4$-Lösungen
	Druckhydrolyse zur Fällung basischer Aluminiumsulfate
	Sulfidfällung in der Hydrometallurgie des Kupfers, des Nickels und des Cobalts
	Kristallisation von $NaHCO_3$ im Ammoniak-Soda-Verfahren
	Zementation von Metallen aus Lösungen durch Zugabe unedler Metalle

Jahren wurde in wissenschaftlichen Publikationen einigen Teilschritten der Kristallisation, die ausschlaggebend für die physikalische und chemische Qualität der technischen Produkte (Kornform, Korngröße, Kornverteilung, Reinheitsgrad, Freifließbarkeit, Staubfreiheit usw.) sind, besondere Beachtung geschenkt. Dabei standen besonders die sekundäre Keimbildung, die Agglomeration, die OSTWALD-Reifung, vor allem an leicht löslichen Salzen, und die Übersättigungserscheinungen in den Lösungen im Vordergrund.

Die modellmäßige Beschreibung von Kristallisationsprozessen aus Lösungen verlangt nicht nur die quantitative Erfassung der Mikroprozesse, sondern in gleichem Maße die Berücksichtigung der technischen Versuchsdurchführung (diskontinuierlich, kontinuierlich, isotherm, polytherm) und der verschiedenen Apparate (Schnecken-, Trommel-, Verdampfungs-, Kühlungs-, Vakuumkristallisatoren, Wirbelschichtapparate usw.).

2. Theoretische Grundlagen technischer Kristallisationsprozesse

2.1. Der kristalline Zustand

Kristalle stellen Festkörper mit einer regelmäßigen Anordnung der Grundbausteine (Atome, Ionen, Moleküle) in einem starren Gitter oder Netzwerk dar und unterscheiden sich damit von der regellosen, statistischen Verteilung der Bausteine über größere Entfernungen in amorphen Stoffen und Gläsern und der auf ein Molekül beschränkten Kristallinität in polymeren Verbindungen. Abbildung 2–1 zeigt in einer zweidimensionalen Darstellung schematisch die verschiedenen Anordnungen der Bausteine für Kristalle und Gläser.

Die für den Festkörper strenge, dreidimensionale periodische Anordnung der Bausteine bedeutet, daß die Lage eines jeden sich im Gitterverband befindlichen Teilchens durch die seiner Nachbarn eindeutig bestimmt wird. Das kann jedoch nur unter extremen Bedingungen — tiefen Temperaturen, hohen Drucken — weitgehend realisiert werden.

Im allgemeinen werden zwei extreme Zustandsformen von Stoffen betrachtet, der ideale Kristall und das ideale Gas. Alle tatsächlichen Zustände der

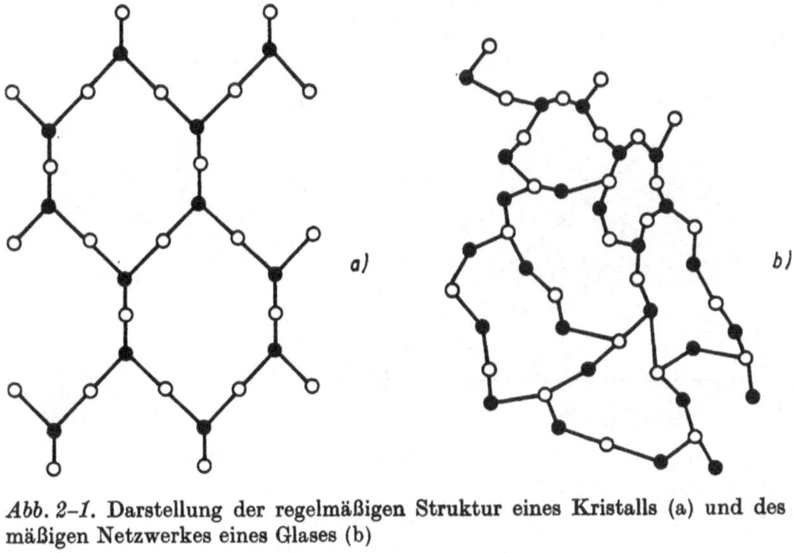

Abb. 2–1. Darstellung der regelmäßigen Struktur eines Kristalls (a) und des unregelmäßigen Netzwerkes eines Glases (b)

Stoffe liegen zwischen diesen Grenzformen (Realkristalle, flüssige Kristalle, Flüssigkeiten, reale Gase).

Zur Betrachtung geometrischer und struktureller Gesetzmäßigkeiten idealer Kristalle werden die selbst am absoluten Nullpunkt vorhandenen Schwingungen der einzelnen Bausteine außer acht gelassen und nur die Gleichgewichts- oder Schwerpunktslagen in den Strukturen herangezogen.

Allgemein werden die beiden idealen Zustandsformen wie folgt charakterisiert: Im idealen Gas sind große Abstände der Moleküle bei vollständiger und gleichmäßiger Raumausfüllung, regellose Bewegung und sich ständig ändernde Bewegungsrichtungen und -geschwindigkeiten vorhanden. Eigenvolumen und Wechselwirkungen der Teilchen sind vernachlässigbar. Der ideale Feststoff ist durch eine regelmäßige Anordnung der Bausteine im dreidimensionalen Raumgitter ohne Bewegungsenergie der Teilchen gekennzeichnet. Zwischen ihnen sind relativ große Wechselwirkungskräfte vorhanden.

Eine schematische Darstellung dieser Beziehungen zwischen der Struktur *S* (gemeint ist der Ordnungsgrad der Bausteine) und der Beweglichkeit *b* der Ionen, Atome oder Moleküle zeigt Abb. 2–2.

Alle realen Zustandsformen liegen im Dreieck $\overline{127}$ (bzw. auf der Verbindungslinie $\overline{12}$), das aus dem Verhalten der Grenzformen ideales Gas mit hoher Beweglichkeit und ohne Struktur ① und dem idealen Kristall ohne Beweglichkeit der Bausteine und einer starren periodischen Anordnung, die vollständig die Makrostruktur bestimmt ②, entsteht. Da die Anordnung in den Raumrichtungen meist verschieden ist, wird das Gitter als anisotrop bezeichnet.

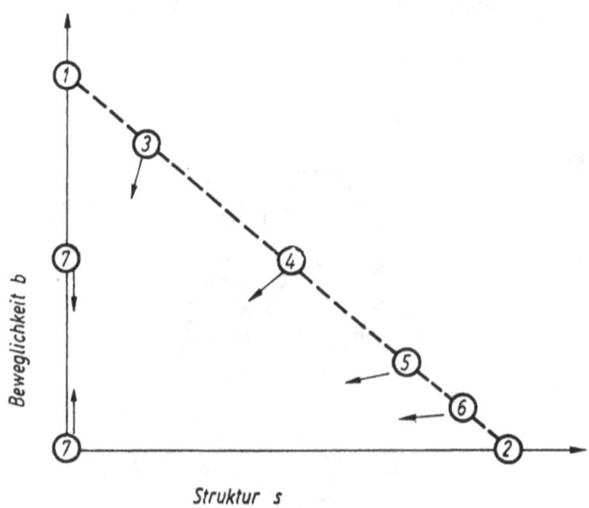

Abb. 2–2. Zusammenhang zwischen Struktur *S* und Beweglichkeit *b* für die verschiedenen Zustandsformen der Stoffe

1 – ideales Gas; *2* – idealer Kristall; *3* – reales Gas; *4* – Flüssigkeit; *5* – Flüssigkristall; *6* – Realkristall; *7* – Glas.

Zur Beschreibung eines Gitters genügt die Angabe der Elementarzelle. Diese stellt die kleinste Einheit dar, aus der die Makrostruktur durch Verschiebung in alle drei Raumrichtungen um die entsprechenden Kantenlängen dargestellt werden kann. Voraussetzung dafür ist die Wahl der Elementarzelle. Allgemein kann dazu gesagt werden, daß „als Kanten für die Elementarzelle und damit als Achsensystem solche Richtungen im Raumgitter genommen werden, in denen die Translationsbeträge möglichst gering sind, gegebenenfalls aufeinander senkrecht stehen und/oder in denen die Translationsbeträge aus Symmetriegründen einander gleich sind" [8].

Unter Berücksichtigung dieser Forderungen lassen sich sieben Kristallsysteme ableiten: kubisch, tetragonal, rhombisch, rhomboedrisch, hexagonal, monoklin, triklin.

Zu jedem Kristallsystem gehören 1 bis 4 Translationsgitter: einfach oder primitiv, basiszentriert, raum- oder innenzentriert, flächenzentriert.

Insgesamt resultieren 14 Translationsgitter, die als Bravais-Gitter bezeichnet werden.

Tabelle 2–1 enthält die Kristallsysteme mit den entsprechenden Achsenlängen, Winkeln und Bravais-Gittern. Die zur Bezeichnung der Achsen und Winkel verwendeten allgemeinen Festlegungen sind in Abb. 2–3 dargestellt.

Zur Beschreibung der als ideal eben betrachteten Kristallflächen bzw. der sie begrenzenden Gitterpunkte werden die unterschiedlichen Translationsabstände x_0, y_0, z_0 bzw. ganzzahlige Vielfache von diesen ax_0, by_0, cz_0 verwendet. Daraus leitet sich das Symbol einer jeden Netzebene in Form der Millerschen Indizes (h, k, l) ab, die das Verhältnis der reziproken Achsenabschnitte wiedergeben.

$$h : k : l = \frac{1}{a} : \frac{1}{b} : \frac{1}{c} \qquad (2\text{–}1)$$

Tabelle 2–1

Die sieben Kristallsysteme und die entsprechenden Bravais-(Translations)Gitter

Kristallsystem	Elementarzelle		Bravais-Gitter
kubisch	$x_0 = y_0 = z_0$	$\alpha = \beta = \gamma = 90°$	primitiv, raumzentriert, flächenzentriert
tetragonal	$x_0 = y_0 \neq z_0$	$\alpha = \beta = \gamma = 90°$	primitiv, raumzentriert
rhombisch	$x_0 \neq y_0 \neq z_0 \neq x_0$	$\alpha = \beta = \gamma = 90°$	primitiv, basiszentriert, raumzentriert, flächenzentriert
rhomboedrisch	$x_0 = y_0 = z_0$	$\alpha = \beta = \gamma \neq 90°$	primitiv
hexagonal	$x_0 = y_0 \neq z_0$	$\alpha = \beta = 90°; \gamma = 120°$	basiszentriert
monoklin	$x_0 \neq y_0 \neq z_0 \neq x_0$	$\alpha = \beta = 90°; \gamma \neq 90°$	primitiv, basiszentriert
triklin	$x_0 \neq y_0 \neq z_0 \neq x_0$	$\alpha \neq \beta \neq \gamma \neq \alpha$ $\alpha, \beta, \gamma \neq 90°$	primitiv

Damit würde die in Abb. 2–3 dargestellte Fläche als Symbol (1 1 1) erhalten. Eine sich parallel zu einer Achse befindliche Fläche bekommt für den im Unendlichen liegenden Achsenabschnitt den Index 0.

Für die Kristallisation ist bedeutungsvoll, daß die äußeren Kristallflächen den Netzebenen des Kristallgitters entsprechen.

Alle diese Betrachtungen gelten konkret nur für den idealen Kristall. Bei allen praktisch durchgeführten Kristallisationen, gleich ob im Labor- oder industriellen Maßstab, entstehen selbst unter günstigen Bedingungen reale

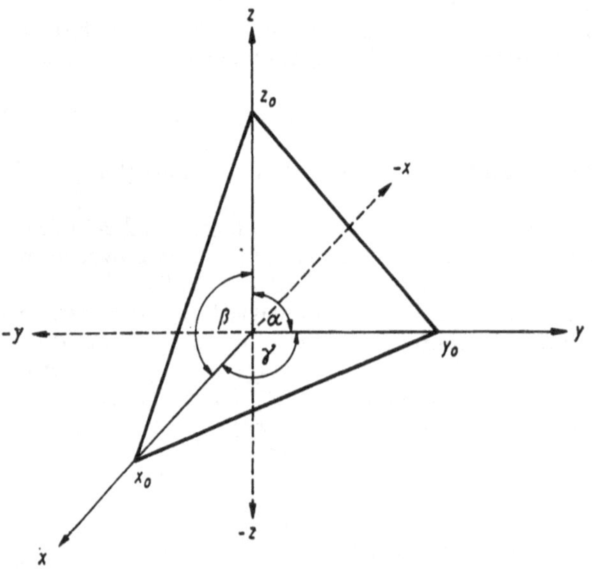

Abb. 2-3. Allgemeine Festlegungen der Bezeichnung der verwendeten Achsen- und Winkelsymbole

Kristalle mit einem mehr oder weniger großen Anteil an Kristallbaufehlern. Diese können entsprechend ihrem Ausdehnungsbereich makroskopischer, mikroskopischer oder submikroskopischer Art sein. Die submikroskopischen Kristallbaufehler werden nochmals in ultramikroskopische, amikroskopische und atomare Baufehler unterteilt [8].

Smekal [9] unterscheidet zwischen mechanischen (Risse, Sprünge, Verwerfungen, Versetzungen usw.) und chemischen Kristallbaufehlern (Fremdatome oder Atomgruppen), wobei die mechanischen im Verlauf von Kristallisationsprozessen besonders zu beachten sind, während die chemischen besonders bei der Anwendung der Kristalle (Halbleitertechnik) wirksam werden.

Pick [7] unterscheidet zwischen atomaren Fehlordnungen (u. a. unbesetzte Gitterplätze, arteigene Bausteine im Zwischengitterbereich), gröberen Gitterfehlern (Stufenversetzungen, Schraubenversetzungen, Korngrenzen, kompli-

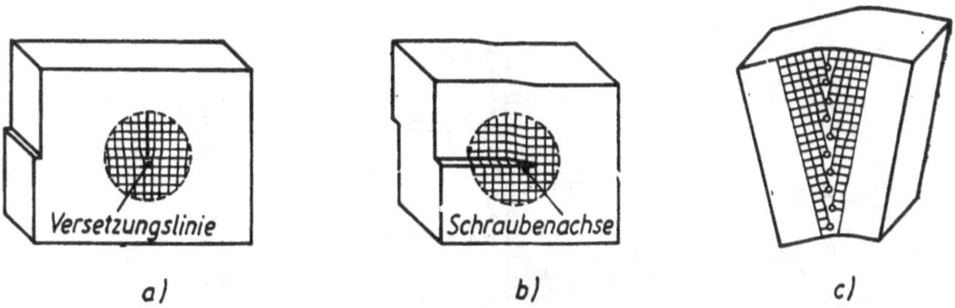

Abb. 2–4. Strukturmodelle einer Stufenversetzung (a), Schraubenversetzung (b) und Korngrenze (c)

zierte Gitterfehler als System von Versetzungen), chemischen und elektronischen Fehlordnungen. Abbildung 2–4 zeigt schematisch die drei wichtigsten Formen von Gitterbaufehlern.

Diese verschiedenen Fehlordnungen beeinflussen mehr oder weniger empfindlich wichtige Eigenschaften der festen Stoffe. So verändern Fehlordnungen im atomaren Bereich die Diffusion, Ionenleitung, Halbleitung usw. und grobe Baufehler die Plastizität und die verschiedensten mechanischen Eigenschaften. Ausführliche Beschreibungen dieser Problematik sind den Monographien von van Bueren [11], Ullmann [7], Kleber [8, 12], Meyer [13], Honigmann [14] zu entnehmen.

Für die makroskopische Beschreibung der verschiedenen Kristalle werden häufig die Begriffe Kristallform, Tracht und Habitus verwendet. Hierfür gibt es keine einheitliche Definition. Wir schließen uns den Darlegungen von Honigmann [14] an, der als Tracht die Zusammenstellung der (*hkl*)-Werte der Flächen, die den Kristall begrenzen, und als Habitus das Größenverhältnis der Flächen zur Beschreibung der Kristalle bezeichnet. Die Kristallform wird sowohl durch Tracht- als auch durch Habitusangaben charakterisiert. Entsprechend den von den Kristallen durchlaufenden Prozessen können Wachstums-, Auflösungs- und Temperformen unterschieden werden.

Die Wachstumsformen der Kristalle sind Polyeder, die durch Flächen, die in Kanten zusammenstoßen, begrenzt werden. Besondere äußere Bedingungen (z. B. hohe Übersättigungen, Fremdstoffe) während des Kristallisationsprozesses können zu abgerundeten oder verzerrten Formen wie Nadeln, Dendriten oder Whiskers führen. Einige Wachstumsformen für verschiedene Stoffe sind in Abb. 2–5 dargestellt.

Nadeln sind Kristalle, die bevorzugt in einer Wachstumsrichtung wachsen. Als Dendriten werden Kristalle bezeichnet, die unter extremer Betonung bestimmter kristallographischer Richtungen entstanden sind. Die hauptsächlichste Form ist die eines sich in Zweigen verästelnden Stammes (feder-, nadel-, speer-, plättchen- oder bandförmig). Ursache hierfür können Übersättigungen sein, die sich in Richtung vom Kristall zur umgebenden Phase hin vergrößern. Ähnliche Formen der Kristalle treten auch auf, wenn unter bestimmten Bedin-

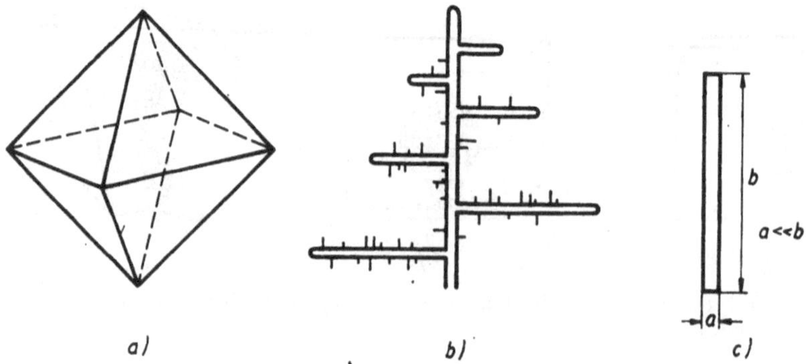

Abb. 2–5. Wachstumsformen von Kristallen
a) Polyederstruktur, b) Dendriten, c) Whiskers (Nadeln)

gungen die Wachstumsgeschwindigkeit einiger (oder einer) Flächen viel größer ist als die der übrigen. WILKE [6] bezeichnet als Whisker nur solche haar- und nadelförmigen Kristalle, die sich auf Grund besonderer Wachstumsmechanismen ausbilden und als Folge über besondere mechanische Eigenschaften verfügen (z. B. hohe Zugfestigkeit).

Die Hauptursachen stellen jedoch besonders hohe Übersättigungen (über der kritischen), die Anwesenheit von grenzflächenaktiven Stoffen oder Fremdstoffen sowie mechanische Fehlordnungen dar.

2.2. Thermodynamische Grundlagen der Kristallisation aus Lösungen

Das Phasengesetz

Für die Betrachtung heterogener Gleichgewichte ist das zuerst von GIBBS aufgestellte Phasengesetz von besonderer Bedeutung. Bei seiner Ableitung geht man von einem heterogenen, sich im Gleichgewicht befindenden System aus, das aus P koexistierenden Phasen und aus S Stoffen (Komponenten) besteht (ohne Berücksichtigung chemischer Reaktionen). Aus der Bilanz zwischen den möglichen Zustandsvariablen und den voneinander unabhängigen Gleichgewichtsbedingungen (gleiche chemische Potentiale der Komponenten in den einzelnen Phasen) resultiert.

$$P(S-1) + 2 - S(P-1) = F \qquad (2\text{–}2)$$

Zahl der Zustands-variablen	Zahl der unabhängigen Gleich-gewichts-bedingungen	Zahl der Freiheits-grade

bzw.

$$F + P = S + 2 \tag{2-3}$$

P — Zahl der Phasen, S — Zahl der Komponenten (oder Stoffe), F — Zahl der Freiheiten.

Damit lassen sich für alle gegebenen Bedingungen die Zahl der Freiheitsgrade, d. h. die Zahl der unabhängig voneinander veränderbaren Zustandsvariablen ermitteln.

Zum Verständnis dieser Zusammenhänge sind die Begriffe Phase, Komponente und Freiheitsgrad sowie ihre Definition notwendig. Unter einer Phase P versteht man einen homogenen Bereich, der in einem heterogenen System von anderen Bereichen dieser Art abgegrenzt ist, unabhängig davon, ob eine Phase im Makrobereich ein zusammenhängendes Ganzes ist oder in einzelnen Teilbereichen vorhanden ist. Im Gleichgewicht nebeneinander vorliegende Phasen werden als koexistierend bezeichnet.

Im Sinne des GIBBSschen Phasengesetzes werden unter dem Terminus Komponente S die voneinander unabhängigen Stoffe eines Systems, die zum Aufbau aller Phasen unbedingt erforderlich sind, verstanden. Mit dem Begriff Freiheiten F werden die Zustandsvariablen (Druck, Temperatur, Molenbrüche) bezeichnet, die festgelegt werden müssen, um den Zustand eines Systems vollständig zu bestimmen. Eine ausführliche Darstellung dieser Zusammenhänge geben u. a. FINDLAY [16], VOGEL [17], NYVLT [18, 19].

Besonderes Interesse besitzen die heterogenen Gleichgewichte für die Untersuchung der Genese von Salzlagerstätten, die Verarbeitung von Mineralsalzen, die Produktion von anorganischen Salzen aus dem Meerwasser und für die Herstellung von Salzen durch doppelte Umsetzung. Damit ist für alle Prozesse, die mit Veränderungen von Zustandsvariablen verbunden sind, die Möglichkeit einer Überprüfung auf thermodynamische Konsistenz möglich.

Graphische Darstellung von Zustandsdiagrammen

Jede Phase existiert nur in einem bestimmten Temperatur-, Druck- und Konzentrationsbereich (Existenzgebiet). Die Darstellung dieser Existenzgebiete in Abhängigkeit von den Zustandsvariablen erfolgt in Zustandsdiagrammen.

Für die Übergänge Lösung—Festkörper ist die einfachste Form der Darstellung eines binären Systems (Salz—H_2O) das c-T-Diagramm (Abb. 2-6).

Darin stellen das Gebiet I ungesättigte Lösungen (stabile Lösungen), die Linie 1 die gesättigten Gleichgewichtslösungen und II übersättigte Lösungen (instabile Lösungen) dar, die in den entsprechenden gelösten Stoff und eine Gleichgewichtslösung zerfallen. Anhand dieser Abbildung sollen zwei Möglichkeiten solcher Phasenübergänge kurz erläutert werden. Wird eine untersättigte Lösung, die durch den Punkt P_1 dargestellt und durch die Temperatur T_3 und die Konzentration c_1 charakterisiert ist, abgekühlt, so erreicht diese Lösung im Punkt $P_2(T_2, c_1)$ die Gleichgewichtskurve. Bei weiterer Abkühlung wird diese überschritten, und es entsteht z. B. im Punkt $P_3(T_1, c_1)$ eine übersättigte

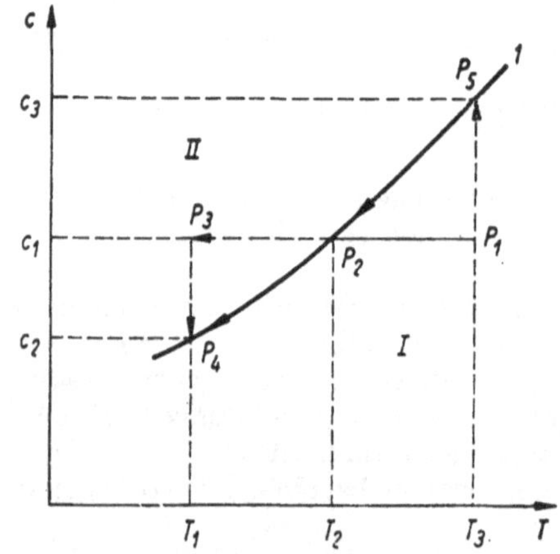

Abb. 2–6. Prinzipschema eines c-T-Diagrammes eines binären Systems

Lösung, die in ein Kristallisat und eine Gleichgewichtslösung der Zusammensetzung $P_4(T_1, c_2)$ zerfällt. Die Masse des auskristallisierenden Stoffes kann aus der Differenz $\Delta c = c_1 - c_2$ ermittelt werden.

In der Praxis liegen in den seltensten Fällen binäre Systeme vor. Deshalb sind meist ternäre, quarternäre, quinäre, aber auch hexäre Systeme zu betrachten. Ihre anschauliche Darstellung wird mit Vergrößerung der Zahl der vorhandenen Stoffe immer komplizierter, so daß die Zahl der einschränkenden Bedingungen zunimmt. Tabelle 2–2 gibt einen Überblick über die Darstellungsmöglichkeiten von binären bis einschließlich hexären Systemen, die entsprechenden Voraussetzungen und einschränkenden Bedingungen.

Für die Behandlung der Kristallisation aus Lösungen ist es wesentlich, daß der Schmelzpunkt einer der drei Komponenten erheblich tiefer liegt als die Schmelzpunkte der anderen Stoffe. Der Stoff, der bei normaler Temperatur flüssig vorliegt, wird in der Regel als Lösungsmittel (*LM*), die anderen im festen Zustand vorliegenden Stoffe als Komponenten bezeichnet. In den meisten für die Technik interessanten Systemen ist Wasser das Lösungsmittel.

Sättigung, Übersättigung

Eine Lösung, die sich im Gleichgewicht mit einer oder mehreren festen Phasen befindet, wird als gesättigt in bezug auf den (oder die) Feststoff(e) bezeichnet. Es ist jedoch auch möglich, Lösungen herzustellen, die einen größeren Anteil an gelöstem Feststoff enthalten, als den Sättigungsbedingungen entspricht. Diese Lösungen werden als übersättigt bezeichnet und sind die Voraussetzung für alle Kristallisationsvorgänge. Diese Zusammenhänge konnte Miers [23—26] durch refraktometrische Messungen an konzentrierten wäßrigen Salzlösungen während des Kühlungsprozesses beobachten. Die verallgemeinerten Aussagen zeigt Abb. 2–7. In dem dargestellten binären System

Tabelle 2–2

Darstellungsmöglichkeiten von Mehrstoffsystemen (fest-flüssig-Gleichgewichte)

System	Beispiele	Darstellungsmöglichkeiten	Festlegungen und Einschränkungen
binäres System	Salz–LM	rechtwinkliges Koordinatensystem; Konzentrations-Temperatur-Diagramm	Konzentration des Salzes auf bestimmte LM-Menge bezogen
ternäres System	Salz–Salz–LM AB–AC–LM oder AB–DB–LM	rechtwinkliges Koordinatensystem; Konzentrations-Konzentrations-Diagramm	Konzentrationsangaben auf bestimmte LM-Menge bezogen; darstellende Punkte der wasserfreien Salze im Unendlichen
		Dreiecksdarstellung	darstellende Punkte der wasserfreien Salze in den Eckpunkten, Hydrate auf Dreiecksseiten; Konzentrationsangaben in Mol-% oder Ma.-%
		Prisma	polytherme Darstellung; sonst wie Dreieck
	Salz–LM_1–LM_2	Dreiecksdarstellung	darstellende Punkte in Eckpunkten; Solvate auf Dreiecksseiten; Konzentrationsangaben in Mol-% oder Ma.-%; isotherm
		Prisma	polytherme Darstellung; sonst wie Dreieck
quarternäres System	drei Salze mit gemeinsamen Ionen-LM AB–AC–AD–LM AB–EB–FB–LM	Dreieck	LM nicht berücksichtigt, zusätzliche tabellarische Angabe notwendig; isotherm
		Prisma	LM als senkrecht auf Dreieck stehende Achse; darstellender Punkt des LM im Unendlichen; isotherm
		reguläres Tetraeder	darstellender Punkt des LM im Endlichen festgelegt; Konzentrationsangaben in Mol-% oder Ma.-%; isotherm

Fortsetzung Tabelle 2-2:

System	Beispiele	Darstellungsmöglichkeiten	Festlegungen und Einschränkungen
	reziprokes Salzpaar AB + DC $\leftrightharpoons$ AD + CB	vier Achsen, die sich wie reguläre vierseitige Pyramide in einem Punkt schneiden	Löwenherzsche Methode [20]; Salze mit gemeinsamen Ion auf benachbarten Achsen; darstellende Punkte der Salze im Unendlichen, der des LM als Schnittpunkt; Konzentrationen in mol Salz/1000 mol H_2O; isotherm
		reguläre vierseitige Pyramide mit Quadrat als Basisfläche	Schreinemakerssche Methode [21]; analog Löwenherz; darstellende Punkte im Endlichen; Konzentrationsangaben in mol/1000 mol Gemisch; isotherm
		orthogonale Projektion auf Pyramidenbasisfläche	analog zur Löwenherzschen und Schreinemarkersschen Methode
		ebene Darstellung (1)	Schreinemarkerssche Modifizierung der Löwenherzschen Methode; Konz.-angaben in mol/1000 mol H_2O; keine Möglichkeit der Rückrechnung der Konzentration aus Diagramm möglich
		Quadrat (Rechteck)	Umrandung von (1) als Quadrat oder Rechteck; Konzentration in Form der Ionen ausgedrückt; Umrechnung nach Jänecke [22]; Möglichkeit der Einzeichnung von Isohydren
	zwei Salze mit gemeinsamen Ionen — zwei LM $AB–AC–LM_1–LM_2$ $AB–DB–LM_1–LM_2$	Prisma	darstellender Punkt eines LM im Unendlichen
		reguläres Tetraeder	alle darstellenden Punkte im Endlichen

Fortsetzung Tabelle 2-2:

System	Beispiele	Darstellungsmöglichkeiten	Festlegungen und Einschränkungen
quinäres System	vier Salze mit gemeinsamem Ion — LM	reguläres Tetraeder	LM vollständig aus Diagramm ausgeschlossen; Ecken stellen gesättigte Lösungen einer der Salzkomponenten dar
	Salz — reziprokes Salzpaar — LM	Analogon zum quarternären System; Sättigung an Salz vorausgesetzt	

entspricht die Kurve *1* der Gleichgewichts- oder Löslichkeitskurve, die Kurve *2* der sogenannten Überlöslichkeitskurve. Die dadurch auftretenden unterschiedlichen Gebiete werden in Übereinstimmung mit Ostwald [27, 28] als stabil bzw. labil bezeichnet. Der Bereich, der durch die Löslichkeits- und Überlöslichkeitskurve eingeschlossen wird, wird als metastabiler oder als Ostwald-Miers-Bereich bezeichnet. Bei genauerer Überprüfung können zwei Überlöslichkeitskurven unterschieden werden [29, 30]. Beim Erreichen der ersten Überlöslichkeitskurve werden die ersten Keime gebildet, an der zweiten tritt plötzlich mit hoher Geschwindigkeit die weitere Keimbildung auf, deren Wärmeeffekt meßbar ist.

Metastabile Lösungen, deren Zusammensetzungen nur wenig von der Gleichgewichtslösung abweichen, ermöglichen bei Zusatz von Saatkristallen ein

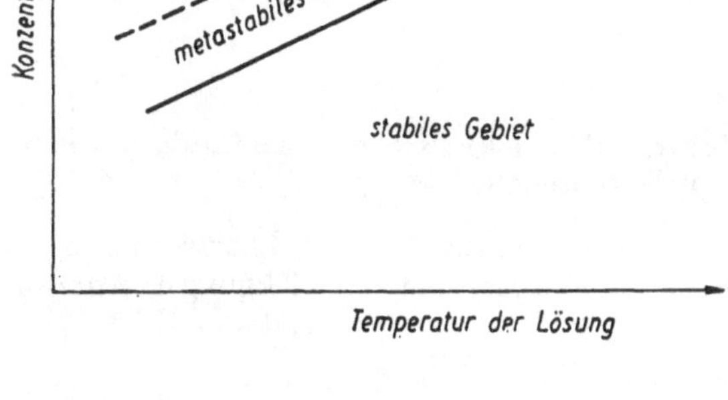

Abb. 2-7. Löslichkeitsdiagramm eines binären Systems mit Löslichkeits- und Überlöslichkeitskurve

nahezu „ideales“ Wachstum eines Kornes oder von Körnerkollektiven, da in ihnen die Überlöslichkeit nicht durch Keimbildung abgebaut wird. Hingegen erhält man bei einer Kristallisation, die bis in das labile Gebiet hin geführt wird, auf Grund der hohen Keimbildung ein sehr kleines Kornspektrum.

Volmer [15] definiert als Grad der Übersättigung (Überschreitung) die Änderung des chemischen Potentials μ

$$\mu = \left(\frac{\partial G}{\partial n}\right) T \cdot \tag{2–4}$$

G — freie Enthalpie pro mol, n — Molzahl.

der kristallisierenden Komponente beim Übergang aus der metastabilen (I/II) in die stabile Phase, d. h. die Differenz

$$\Delta\mu = (\mu_{\text{I}} - \mu_{\text{I/II}}), \tag{2–5}$$

wenn für das Gleichgewicht zweier homogener Phasen I und II gilt:

$$\mu_{\text{I}} = \mu_{\text{II}} = \mu_{\text{I/II}} \tag{2–6}$$

In der Kristallisationspraxis werden verschiedene Angaben für die Übersättigungen möglich sein:

Übersättigung	$\alpha = \Delta c = c - c_S$
relative Übersättigung	$\beta = \Delta c/c_S$
prozentuale Übersättigung	$\beta' = \beta \cdot 100$
Übersättigungsverhältnis	$\gamma = c/c_S$
Unterkühlung	$\alpha' = T_S - T$

Die Angabe der Unterkühlung wird für Betrachtungen zur Kristallisation aus Lösungen seltener angewandt.

Für die Durchführung eines technischen Massenkristallisationsprozesses ist die Kenntnis der sogenannten Grenzübersättigung (entspricht der Konzentration an der Überlöslichkeitskurve), d. h. der unter den entsprechenden Bedingungen möglichen Übersättigungen, von entscheidender Bedeutung. Ihre experimentelle Bestimmung ist jedoch nicht einfach und erfordert für jeden Fall spezifische Voraussetzungen. Synowiec [31, 32] leitete aus experimentellen Daten von 24 anorganischen Salzen eine Gleichung zur Berechnung solcher Grenzübersättigungen $\Delta c_{\max}$ ab:

$$\Delta c_{\max} = k \cdot M \cdot c_S \tag{2–7}$$

$\Delta c_{\max}$ — Grenzübersättigung der Lösung, M — Molekulargewicht des Salzes, c_s — Sättigungskonzentration, k — experimentelle Konstante.

Die Konstante k kann über a, dem Verhältnis der Löslichkeitsänderung in einem bestimmten Temperaturbereich, bezogen auf die Sättigungskonzentration, abgeschätzt werden.

$$a = \Delta c_S / \Delta T \cdot c_S \tag{2-8}$$

$$a \leqq 0{,}008 \qquad k = 0{,}181 \cdot 10^{-3} \exp(0{,}006T) \tag{2-9}$$

$$a > 0{,}008 \qquad k = 0{,}855 \cdot 10^{-3} \exp(-0{,}0163T) \tag{2-10}$$

Diese Beziehungen haben jedoch nur Gültigkeit für wasserfreie Salze und stellen eine Näherung dar.

Löslichkeiten — Kristallisationsverfahren

Aus den Zustandsdiagrammen der verschiedensten Stoffe können vier Arten von Löslichkeitskurven unterschieden werden:

1. Die Löslichkeit vergrößert sich stark mit steigender Temperatur (KNO_3).
2. Die Löslichkeit vergrößert sich nur wenig mit steigender Temperatur (K_2CrO_4, K_2SO_4, KCl).
3. Die Löslichkeit verändert sich praktisch nicht mit steigender Temperatur (NaCl).
4. Die Löslichkeit verringert sich mit steigender Temperatur ($Na_2CO_3 \cdot H_2O$).

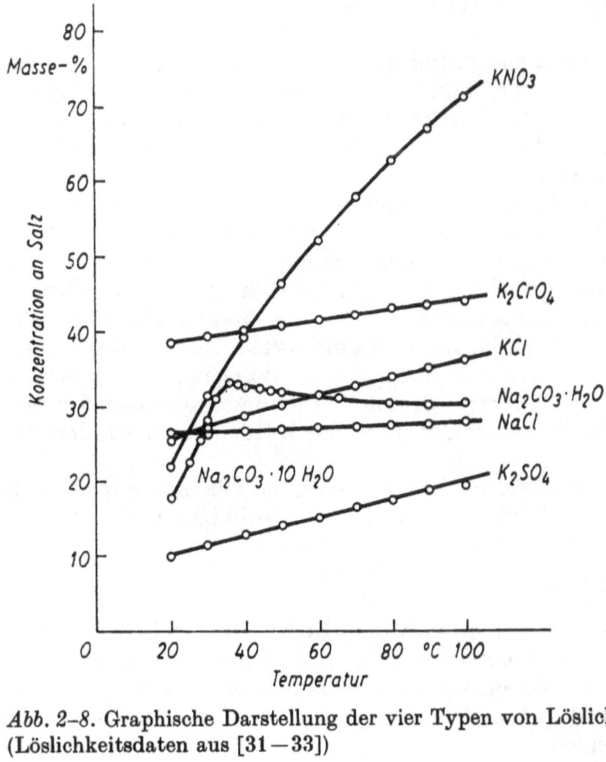

Abb. 2-8. Graphische Darstellung der vier Typen von Löslichkeitskurven (Löslichkeitsdaten aus [31—33])

In Abb. 2–8 sind einige typische Beispiele für die verschiedenen Kurvenverläufe in einem Konzentrations-Temperatur-Diagramm dargestellt. Aus dem Verlauf der Löslichkeitskurven kann abgeleitet werden, welches Verfahren — Kühlungs-, isotherme Verdampfungs-, Vakuumkristallisation — unter der Bedingung maximaler Ausbeute bei minimalem Aufwand einzusetzen ist. Stoffe, deren Löslichkeitskurven steil mit der Temperatur ansteigen, werden zweckmäßig durch Kühlungskristallisation gewonnen (KNO_3). Salze (NaCl), deren Löslichkeiten sich mit der Temperatur kaum verändern, werden durch Verdampfung des Lösungsmittels auskristallisiert. Für Verbindungen mit mäßig temperaturabhängiger Löslichkeit (KCl, K_2CrO_4) wird am günstigsten eine Kombination von Kühlung und Verdampfung, die Vakuumkristallisation, eingesetzt. Stoffe mit einem negativen Temperaturkoeffizienten der Löslichkeit ($Na_2CO_3 \cdot H_2O$) beeinflussen den technischen Prozeß nachteilig, da sie zu Verkrustungen der Wärmeaustauscher und Rohrleitungen neigen. Jedoch spielen auch technologische Gesichtspunkte bei der Auswahl des Kristallisationsverfahrens eine wesentliche Rolle (vgl. Kap. 3.).

2.3. Zur Theorie der Kristallisation

Auf den technischen Massenkristallisationsprozeß wirken neben Keimbildung und Kristallwachstum auch solche Teilschritte wie die Alterung mit Ostwald-Reifung, Agglomeration und Rekristallisation sowie Bruchvorgänge ein und erschweren damit die Modellierung und Optimierung des Kristallisationsprozesses in seiner Gesamtheit.

Vereinfacht besteht der Kristallisationsprozeß in folgenden Teilschritten: Herstellung einer übersättigten Lösung, Entstehung von Kristallen submikroskopischer Größe, d. h. von Keimen, Weiterwachsen dieser Keime zu makroskopischen Kristallen mit für die Bindungen charakteristischen Kristallformen (Alterung, Agglomeration, Ostwald-Reifung, Rekristallisation) und Bruchvorgänge entsprechend den im Kristallisator vorhandenen Bedingungen. Diese Teilschritte laufen gleichzeitig in verschiedenen Bereichen einer Kristallisationseinheit ab und sind mit verschiedenen Wärmetönungseffekten verbunden. Nur in einem idealen Prozeßverlauf wäre eine zeitliche Aufeinanderfolge sichtbar.

Das Erzeugen einer übersättigten Lösung — einer Übersättigung — als Triebkraft für den gesamten Kristallisationsprozeß wurde bereits erläutert.

2.3.1. Keimbildung

Für die eigentliche Kristallisation ist nach dem Herstellen der Übersättigung die Bildung von Kristallisationszentren — sogenannten Keimen oder Embryos (winzige feste Teilchen) — von entscheidender Bedeutung. In Abhängigkeit von den Bedingungen, unter denen diese Keime entstehen, werden zwei Arten der Keimbildung unterschieden:

1. Homogene Keimbildung (die Keime entstehen unbeeinflußt von fremden Stoffen),
2. heterogene Keimbildung (die Keimbildung wird durch Fremdstoffe initiiert).

Keime, die aus der Übersättigung der Lösung resultieren, werden als primäre Keime bezeichnet. Sie unterscheiden sich von den sogenannten sekundären Keimen, für deren Bildung zwei Möglichkeiten in Betracht kommen:

1. Es können lose, d. h. noch nicht in das Gitter eingebaute, an primären Keimen anhaftende Molekülgruppen des gelösten Stoffes mit einem bestimmten Ordnungsgrad durch die in der Lösung herrschenden Kräfte abgetrennt werden.
2. Die primären Keime können dendritisch wachsen und von ihnen durch Rührbewegung Partikel abgesplittert werden [34].

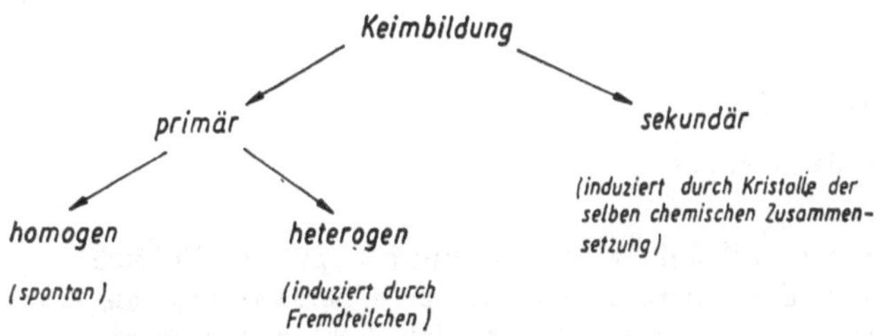

Abb. 2–9. Schematische Unterteilung der Keimbildung

Zu analogen Ergebnissen kommen MELIA und MOFFIT [35], die feststellen konnten, daß die primäre Keimbildung in wäßrigen Lösungen an Fremdstoffen, d. h. heterogen erfolgt und diese primären Keime erst die sekundäre Keimbildung induzieren. Abbildung 2–9 zeigt ein allgemeines Einteilungsprinzip. Dazu muß jedoch bemerkt werden, daß es zur Zeit noch keine einheitliche Nomenklatur für den Keimbildungsprozeß gibt. Unsere Ausführungen schließen sich den Vorstellungen von MULLIN [36] an.

2.3.1.1. Homogene Keimbildung

Der Mechanismus der homogenen Keimbildung ist nicht exakt bekannt, da ihm ein sehr komplizierter Prozeß zugrunde liegt, der bis heute noch nicht endgültig aufgeklärt ist. So muß neben der Zusammenlagerung der einzelnen gelösten Teilchen auch ihre Orientierung in einem festen Gitter erfolgen. LEBEDENKO [37] beschreibt die homogene Keimbildung wie folgt. Die Keime sind zu Beginn als ungeordnete Anhäufungen von Atomen, Molekülen oder Ionen (Gitterbausteine) in der übersättigten Lösung vorhanden. Diese ordnen sich dann allmählich innerhalb dieser Anhäufung zu kristallinen Teilbereichen, den Keimen. Die Struktur dieser Anordnungen ist nicht bekannt, und eine direkte Beobachtung ist wegen ihrer geringen Größe kaum möglich. Es kann sich also sowohl um einen nahezu perfekten „Miniaturkristall" als auch um einen „diffusen Körper" handeln, dessen Moleküle oder solvatisierte Ionen sich in ihrer Anordnung kaum von der Struktur der Lösung unterscheiden und demnach keine klar definierte Oberfläche besitzen.

Die zur Bildung eines kritischen Keimes notwendige Zahl von Bausteinen variiert etwa zwischen 10 und einigen Tausend. Die Zusammenlagerung dieser großen Zahl von Teilchen kann praktisch nicht nur durch Zusammenstoß erfolgen. Ein möglicher Mechanismus ist die Addition z. B. von Molekülen nach folgendem Schema [84]:

$$\begin{aligned} M_1 &+ M_1 \rightleftharpoons M_2 \\ M_2 &+ M_1 \rightleftharpoons M_3 \\ &\cdot \quad \cdot \\ M_{n-1} &+ M_1 \rightleftharpoons M_n \end{aligned} \tag{2-11}$$

M – Moleküle, n – Zahl der Moleküle.

M_n stellt dabei den kritischen Keim dar. Da im mikroskopischen Bereich einer gesättigten Lösung sowohl Gebiete relativ hoher Übersättigung als auch Gebiete mit Untersättigung existieren, können sich diese Keime wieder auflösen, sie sind daher thermodynamisch äußerst instabil. Im übersättigten Bereich wachsen sie über diese kritische Größe hinaus und werden unter den Bedingungen der Übersättigung im gesamten Lösungsvolumen stabil. Dieses Modell steht in Übereinstimmung mit der allgemeinen anerkannten Vorstellung der Struktur einer übersättigten Lösung.

Bei der thermodynamischen Betrachtung wird bei der Bildung eines kugelförmigen Keimes in einer Mutterphase eine Änderung der freien Enthalpie des Systems ΔG festgestellt, die sich aus der freiwerdenden Energie bei der Bildung eines bestimmten Volumens ΔG_v der neuen Phase, der für die Erzeugung der Grenzfläche notwendigen Energie ΔG_0 und der für die Überwindung der elastischen Kräfte benötigten Energie ΔG_E zusammensetzt.

$$\Delta G = \Delta G_v + \Delta G_0 + \Delta G_E \tag{2-12}$$

Der Anteil der elastischen Energie kann bei der Keimbildung aus flüssigen oder gasförmigen Phasen vernachlässigt werden [6].

$$\Delta G = \Delta G_v + \Delta G_0 \tag{2-13}$$

ΔG_v ist dem Volumen v proportional und damit proportional der dritten Potenz des Keimradius r^3

$$\Delta G_v \sim v \sim r^3 \tag{2-14}$$

ΔG_0 ist proportional der Oberfläche O und damit proportional der zweiten Potenz des Keimradius

$$\Delta G_0 \sim O \sim r^2 \tag{2–15}$$

Damit ergibt sich für die gesamte Änderung der freien Enthalpie bei der Keimbildung:

$$\begin{aligned} \Delta G &= \Delta G_v + \Delta G_0 \\ &= -\frac{4}{3}\frac{\pi r^3}{v}(\mu_1 - \mu_2) + 4\pi r^2 \sigma \end{aligned} \tag{2–16}$$

v – Molvolumen, σ – Grenzflächenspannung, μ_1 – chemisches Verhalten des Keimes, μ_2 – chemisches Potential der gesättigten Mutterphase.

Für $\frac{\partial(\Delta G)}{\partial r} = 0$ bzw. $\frac{\partial^2(\Delta G)}{\partial r^2} < 0$ ergibt sich der kritische Keimradius

$$r_k = \frac{2\sigma v}{\mu_1 - \mu_2} = \frac{2\sigma v}{\Delta\mu} \tag{2–17}$$

Wird Gl. (2–17) in Gl. (2–16) eingesetzt, so erhält man zunächst für

$$(\Delta G_v)_k = -\frac{32}{3}\frac{\pi\sigma^3 v^2}{(\Delta\mu)^2} \tag{2–18}$$

und für

$$(\Delta G_0)_k = 16\frac{\pi\sigma^3 v^2}{(\Delta\mu)^2} \tag{2-19}$$

und als Enthalpieänderung bei der Bildung eines kritischen Keimes aus den Gln. (2–16), (2–18) und (2–19)

$$(\Delta G)_k = \frac{16}{3}\frac{\pi\sigma^3 v^2}{(\Delta\mu)^2} = \frac{1}{3}(\Delta G_0)_k = A_K \tag{2–20}$$

$(\Delta G)_k$ ist positiv, beträgt stets ein Drittel der für die Erzeugung der Grenzfläche notwendigen Enthalpie und wird als Keimbildungsarbeit A_K bezeichnet. Der Verlauf der Änderung der freien Enthalpie und ihrer einzelnen Terme ist schematisch in Abb. (2–10) dargestellt.

Für eine flüssige Mutterphase ergibt sich für $\Delta\mu$

$$\Delta\mu = R \cdot T \cdot \ln\frac{c}{c_\infty} \tag{2-21}$$

bei

$$\frac{c}{c_\infty} = \gamma \tag{2–22}$$

c – Löslichkeit eines kleinen Kristallits ($r = r_k$), c_∞ – Löslichkeit eines groben Kristalls ($r \to \infty$), R – Gaskonstante, T – Temperatur, γ – Übersättigungsverhältnis.

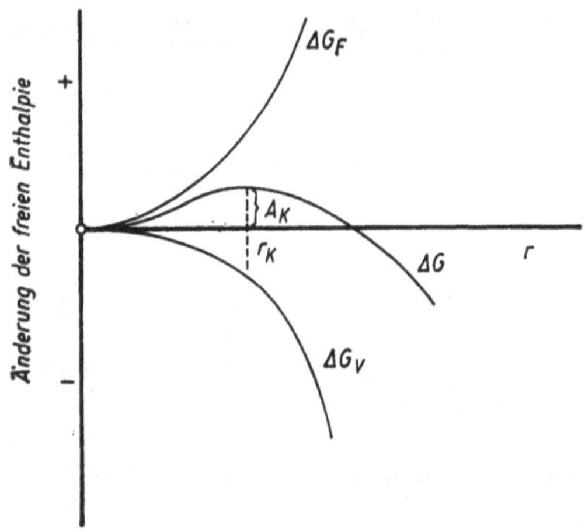

Abb. 2–10. Änderung der Terme der freien Enthalpie und der Gesamtenthalpie in Abhängigkeit vom Teilchenradius

Setzt man die Gln. (2–21) und (2–22) in Gl. (2–20) ein, so resultiert für die Keimbildungsarbeit

$$A_K = \frac{16}{3} \frac{\pi \sigma^3 v^2}{(RT \ln \gamma)^2} \tag{2–23}$$

und für den kritischen Radius nach Gl. (2–17)

$$r_k = \frac{2\sigma v}{RT \ln \gamma} \tag{2–24}$$

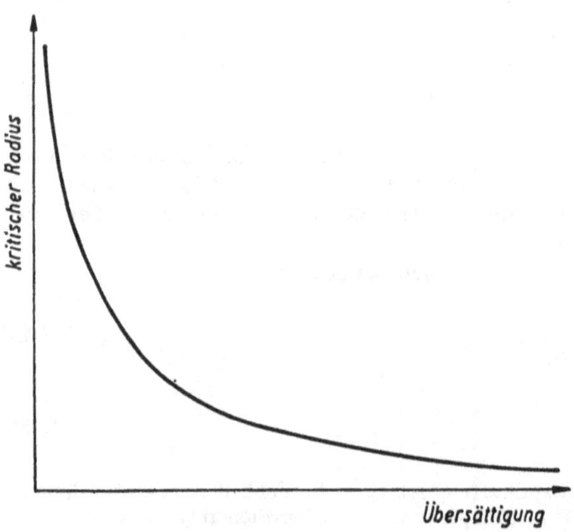

Abb. 2–11. Schematische Darstellung des Verlaufes der Größe des kritischen Radius in Abhängigkeit von der Übersättigung

Gleichung (2–24) wird als GIBBS-THOMSON-Gleichung bezeichnet. Aus ihr folgt, daß mit steigender Übersättigung im System der kritische Radius zu kleineren Werten verschoben wird. Abbildung 2–11 zeigt diesen Sachverhalt.

Die Geschwindigkeit der Keimbildung r_N kann in Form der ARRHENIUSschen Reaktionsgeschwindigkeitsgleichung

$$k = k_m \cdot \exp(-E_A/RT) \tag{2–25}$$

ausgedrückt werden [15, 38—42].

$$r_N = J_0 \exp(-A_k/kT) \tag{2–26}$$

r_N — Keimbildungsgeschwindigkeit; Anzahl der Keime pro Zeit- und Volumeneinheit, J_0 — Aktionskonstante, Zahl der Teilchenzusammenstöße pro Zeit- und Volumeneinheit, k — BOLTZMANNsche Konstante ($1{,}3805 \cdot 10^{-23}$ J/K).

Bei exakter Betrachtung ist es jedoch notwendig, die mit Veränderung der Temperatur variierenden Diffusionsbedingungen in der Lösung zu beachten. Gleichung (2–26) geht dann über in

$$r_N = J_0 \exp(-A_K/kT) \cdot \exp(-E_D/kT) \tag{2–27}$$

bzw.

$$r_N = J_0 \exp[(-A_K - E_D)/k \cdot T)],$$

wobei E_D die freie Aktivierungsenthalpie der Diffusion ist. Durch Einsetzen der Gln. (2–23) und (2–24) in Gl. (2–26) erhalten wir für die Keimbildungsgeschwindigkeit:

$$r_N = J_0 \exp\left(-\frac{16}{3}\frac{\pi\sigma^3 v^2 N_L^2}{R^3 T^3 \ln^2 \gamma}\right) \tag{2–28}$$

N_L — LOSCHMIDT-Konstante bzw. AVOGADROsche Konstante ($6{,}0225 \cdot 10^{23}$ mol^{-1})

Aus dieser Beziehung ergibt sich, daß die Keimbildungsgeschwindigkeit hauptsächlich durch drei Faktoren bestimmt wird:

1. durch die Temperatur,
2. durch die Grenzflächenspannung und
3. durch die Übersättigung.

Durch Umstellung von Gl. (2–28) ergibt sich für die Übersättigung

$$\ln \gamma = \left[+\frac{16}{3}\frac{\pi\sigma^3 v^2 N_L^2}{R^3 T^3 \ln(J_0/r_N)}\right]^{1/2} \tag{2–29}$$

und unter der Annahme, daß die Keimbildungsgeschwindigkeit die Anzahl sich bildender Keime pro Zeit- und Volumeneinheit bei kritischer Übersättigung γ_k ist:

$$\ln \gamma_k = \left[+\frac{16}{3}\frac{\pi\sigma^3 v^2 N_L^2}{R^3 T^3 \ln J_0}\right]^{1/2} \tag{2–30}$$

Ein Nachteil dieser Theorien ist, daß mit der Abhängigkeit der Keimbildungsgeschwindigkeit von der Größe σ, der Oberflächenenergie entsprechend der Beziehung von GIBBS-THOMSON, eine experimentell schwer zugängliche Größe enthalten ist.

Andere Autoren [43, 44] entwickelten eine empirische Beziehung zwischen der Induktionsperiode $\tau_{1/2}$ und der Anfangskonzentration der gesättigten Lösung c_0.

$$\tau_{1/2} = k \cdot c_0^{1-p} \tag{2-31}$$

k — Konstante, p — Zahl der Moleküle im kritischen Keim.

Die Induktionsperiode, deren Dauer zwischen Mikrosekunden, Tagen und Wochen liegen kann, ist in entscheidendem Maße von der Übersättigung abhängig und stellt die Zeit dar, die zur Bildung eines kritischen Keimes unter den entsprechenden äußeren Bedingungen notwendig ist.

Alle bisher entwickelten Theorien zur homogenen Keimbildung ermöglichen nur die Erklärung einzelner Einflußparameter. Eine experimentelle Bestätigung ist kaum möglich, da die Präparation eines wirklich keimfreien Systems praktisch nicht möglich ist.

2.3.1.2. Heterogene Keimbildung

Die Geschwindigkeit der Keimbildung kann in bedeutendem Maße bereits durch die Anwesenheit winziger Spuren von Verunreinigungen im System beeinflußt werden. Diese können sowohl als Keimbildungsinhibitoren als auch -katalysatoren wirken. Eine allgemeine Regel kann hierfür nicht aufgestellt werden, da die gleiche Verunreinigung in einem System inhibieren, in einem anderen katalysieren kann, so daß jedes Problem getrennt untersucht werden muß. Allgemein wird angenommen, daß eine in üblicher Weise im Laboratorium hergestellte Lösung etwa 10^6—10^8 Feststoffteilchen pro cm^3, sogenannte Heterokeime, enthält. Durch sorgfältige Präparation ist es möglich, diese Zahl auf $< 10^3\ cm^{-3}$ zu senken [36]. Auf die Unmöglichkeit der Erzeugung eines vollkommen keimfreien Systems wurde bereits hingewiesen, so daß von einigen Autoren eine primäre homogene Keimbildung für unmöglich gehalten wird.

Bei der Ableitung kinetischer Gleichungen für die heterogene Keimbildung als dem allgemeinsten Fall des Phasenübergangs flüssig—fest wird davon ausgegangen, daß sich ein Benetzungswinkel ϑ zwischen der artfremden Unterlage (Heterokeim) und einem Tröpfchen der Mutterphase ausbildet. Das ist Voraussetzung für jede heterogene Keimbildung. Der Keimbildungsprozeß wird dann hauptsächlich durch die Grenzflächenenergie Kristall—Flüssigkeit und damit durch die intermolekularen, interionogenen oder interatomaren Kräfte zwischen den Teilchen der Mutterphase und der „Unterlage" bestimmt. Ein Modell der heterogenen Keimbildung zeigt Abb. 2–12. Bei der Kristallisation aus Lösungen ist die Phase I die Mutterlösung der Kristallisation, die Phase II

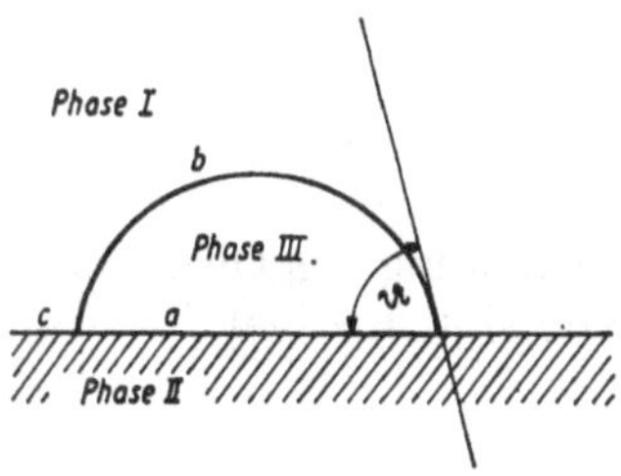

Abb. 2–12. Modell zur heterogenen Keimbildung

der Heterokeim und die Phase III der entstehende Keim der auskristallisierenden Substanz. Phasengrenzflächen existieren zwischen den Phasen I/II (c), I/III (b) und II/III (a) mit den entsprechenden Grenzflächenenergien $\sigma_{I/II}$, $\sigma_{I/III}$ und $\sigma_{II/III}$. ϑ ist der Kontaktwinkel zwischen dem Heterokeim und dem Keim der kristallisierenden Substanz. Nach der Randwinkelgleichung von YOUNG [3, 137] erhält man:

$$\sigma_{I/III} \cdot \cos\vartheta = \sigma_{II/III} - \sigma_{I/II} \tag{2–32}$$

bzw.

$$\cos\vartheta = \frac{\sigma_{II/III} - \sigma_{I/II}}{\sigma_{I/III}} \tag{2–33}$$

Zwischen homogener und heterogener Keimbildung ergibt sich unter der Bedingung, daß die freie Enthalpie für die Bildung eines kritischen Keimes bei homogener Keimbildung größer ist als bei heterogener, folgende Gleichung:

$$(\Delta G)_{k,\mathrm{het}} = \Phi \cdot (\Delta G)_{k,\mathrm{hom}}. \tag{2–34}$$

Der Faktor Φ kann nach VOLMER [15] ausgedrückt werden durch

$$\Phi = \frac{(2 + \cos\vartheta)(1 - \cos\vartheta)^2}{4} \tag{2–35}$$

Damit ergibt sich für die freie Keimbildungsenthalpie bei heterogener Keimbildung:

$$\Delta G_{\mathrm{het}} = \left[-\frac{1}{3}\pi r^3 \frac{\Delta\mu}{v} + \pi r^2 \sigma\right](2 + \cos\vartheta)(1 - \cos\vartheta)^2 \tag{2–36}$$

Durch Maximierung von Gl. (2–36) $\left(\frac{\partial \Delta G_{\mathrm{het}}}{\partial r} = 0\right)$ erhält man für den Radius des kritischen Keimes

$$r_k = \frac{2\sigma_{I/III} \cdot v}{\Delta\mu} \tag{2–37}$$

und als Enthalpieänderung bei der Bildung eines kritischen Keimes

$$(\Delta G_{\mathrm{het}})_k = \frac{4}{3}\pi \frac{\sigma^3 v^2}{(\Delta\mu)^2} \cdot (2 + \cos\vartheta)(1 - \cos\vartheta)^2 \tag{2–38}$$

oder

$$(\Delta G_{\text{het}})_k = (\Delta G_{\text{hom}})_k \cdot \frac{(2 + \cos\vartheta)(1 - \cos\vartheta)^2}{4} = (A_{\text{het}})_k \qquad (2\text{–}39)$$

Auf Grund der verschiedenen Möglichkeiten der Benetzung von Oberflächen (s. Abb. 2–13) ergibt sich für die heterogene Keimbildungsarbeit bei vollständiger Benetzung

$$\vartheta = 0^0 \qquad \cos\vartheta = 1 \qquad \Phi = 0 \qquad (2\text{–}40)$$

$$(\Delta G_{\text{het}})_k = (\Delta G_{\text{hom}})_k \cdot 0 \qquad (2\text{–}41)$$

$$(\Delta G_{\text{het}})_k = 0 \qquad (2\text{–}42)$$

Das bedeutet, daß bei vollständiger Benetzung keine heterogene Keimbildung in der Lösung stattfindet, d. h., daß alle Keime durch homogene Keimbildung gebildet werden. Dieser Sachverhalt entspricht dem Impfen einer Lösung mit Keimkristallen des gelösten Stoffes.

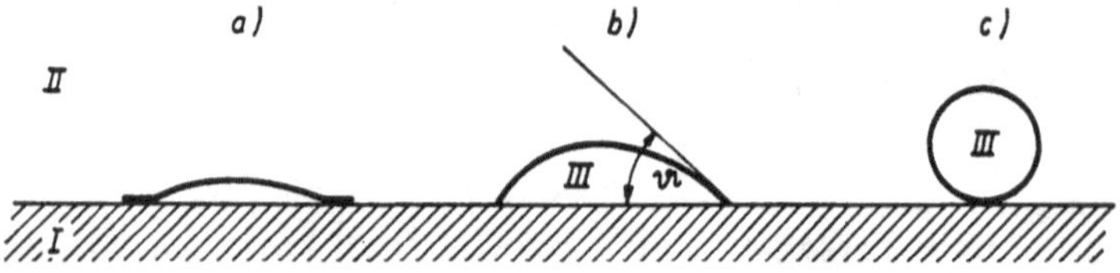

Abb. 2–13. Benetzung einer Oberfläche durch Flüssigkeit
a) vollständige Benetzung ($\vartheta = 0°$)
b) Teilbenetzung ($0° < \vartheta < 180°$)
c) Nichtbenetzung ($\vartheta = 180°$)

Für Benetzungswinkel im Bereich $0° < \vartheta < 180°$ und $\Phi < 1$ ergibt sich

$$(\Delta G_{\text{het}})_k < (\Delta G_{\text{hom}})_k \qquad (2\text{–}43)$$

In diesem Fall wird die heterogene Keimbildung energetisch begünstigt.

Für den Fall der Nichtbenetzung

$$\vartheta = 180° \qquad \cos\vartheta = -1 \qquad \Phi = 1 \qquad (2\text{–}44)$$

ist die kritische Keimbildungsenthalpie

$$(\Delta G_{\text{het}})_k = (\Delta G_{\text{hom}})_k, \qquad (2\text{–}45)$$

d. h. die benötigte Energie für die heterogene Keimbildung ist gleich der Energie für die homogene oder spontane Keimbildung. In diesem Fall wirken die in der Lösung vorhandenen Fremdstoffteilchen nicht katalytisch.

Durch Modifizierung von Gl. (2–27) (S. 35) erhält man für die Keimbildungsgeschwindigkeit r_N der heterogenen Keimbildung

$$r_{N,\text{het}} = J_{0,\text{het}} \cdot \exp\{-[(A_K)_{\text{het}} + E_D]/k \cdot T\}. \qquad (2\text{–}46)$$

2.3.1.3. Sekundäre Keimbildung

Die sekundäre Keimbildung ist ein Phänomen, das schon lange diskutiert wird. MIERS [24] konnte bereits 1906 feststellen, daß ungerührte metastabile Lösungen bei Zusatz von Saatkristallen Keime bilden. Für industrielle Kristallisatoren wird angenommen, daß die sekundäre Keimbildung stets die primäre Keimbildung begleitet und der überwiegende Mechanismus zu sein scheint. In den letzten Jahren ist das Interesse an diesen Vorgängen kontinuierlich gewachsen, das zeigt auch eine Vielzahl von Veröffentlichungen [45—83]. Im Mittelpunkt dabei stehen zwei Anliegen:

1. Ein besseres Verhältnis für den Mechanismus der sekundären Keimbildung.
2. Korrelation der kinetischen Gleichungen für die sekundäre Keimbildung mit den Operationsbedingungen industrieller Kristallisatoren.

Bei der sekundären Keimbildung ist der Ursprung der potentiellen Keime und ihre Überführung in das Lösungsvolumen eine entscheidende Frage. BOTSARIS [78] schlägt als Quellen für die sekundären Keime folgende Gruppen

— Quellen an der Kristalloberfläche (Dendriten, Oberflächenrauhigkeiten),
— Quellen in der übersättigten Lösung (in der Lösung existierende Embryos, die aktiviert werden bzw. deren kritischer Keimradius effektiv erniedrigt wird),
— Quellen, die in eine „Zwischenphase" einzuordnen sind (halb geordnete Regime auf oder nahe der Kristalloberfläche, bevor es in den Kristall übergeht und dessen Bestandteil wird)

und zur Entfernung der Keime von den Quellen folgende Mechanismen vor:

— Spontane Entfernung (hauptsächlich bei Dendriten — als Dendritenaufrauhung bezeichnet — charakteristisch in ruhenden oder wenig gerührten Lösungen),
— Entfernung durch Scherkräfte in der Flüssigkeit (Voraussetzung ist eine entsprechende Übersättigung der Lösung; ist identisch mit der „Überlebenstheorie" von STRICKLAND-CONSTABLE [58]),
— Entfernung durch Zusammenstöße der Kristalle mit Außenflächen der Kristallisiergefäße und Rührwerke (Reibung, Kontakt),
— Entfernung durch Kristall-Kristall-Zusammenstöße,
— Entfernung durch Vergrößerung der effektiven Übersättigung um den Kristall (Grundlage ist die unterschiedliche Struktur der Lösung um Kristall und Lösungsvolumen bzw. die unterschiedliche Löslichkeit der kristallisierenden Substanz in geordneter Wasserstruktur und im Lösungsvolumen; eine andere Möglichkeit ist der sogenannte Verunreinigungsgradientmechanismus [53]),
— Entfernung durch Aktivierung der in der Lösung existierenden Embryos (die Bildung und das Wachstum erfolgt an der Oberfläche der Saatkristalle, von der die wachsenden Embryos durch Schub- oder Scherkräfte in die Lösung transportiert werden).

Außerdem ist erwiesen, daß verschiedene Möglichkeiten zur Entfernung der sekundären Keime von ihrer Quelle gleichzeitig bestehen. Es ist jedoch sehr schwierig einzuschätzen, ob die im Verlauf eines Kristallisationsprozesses entstandenen Keime sekundär oder durch heterogene Keimbildung, die im Fall der Saatkristallzuführung gleichzeitig stattfindet, entstanden sind. Für Untersuchungen zum Problemkreis der sekundären Keimbildung wird deshalb vorgeschlagen [78, 53, 45], neben der Durchführung von Sekundärkeimbildungsuntersuchungen auch die mit scheinbarer Saat (Glaskugeln u. ä.) vorzunehmen.

Strickland-Constable [79] charakterisiert die sekundäre Keimbildung aus einer flüssigen Phase in einer bewegten Suspension wachsender Kristalle als Produkt von Zusammenstößen entweder zwischen Kristallen oder zwischen Kristall und Wänden (auch Einbauten, Rührer usw.). Diese Prozesse werden von ihm [58, 85, 86] als Zusammenstoßbildung und von Clontz und Mc Cabe [49] als Kontaktkeimbildung bezeichnet.

Im Verlauf des Zusammenstoßes entstehen Teilchen mit einer Größe, die vom unterkritischen bis über den kritischen Bereich reichen. Die kritische Größe ist wieder durch die Gibbs-Thomson-Gleichung gegeben:

$$r = \frac{2\sigma_L \cdot v}{\mu - \mu^*} \tag{2–47}$$

r — mittlerer Radius, σ_L — mittlere Oberflächenspannung eines kleinen Kristalls im Kontakt mit der Lösung, v — Molvolumen eines Kristalls, $\Delta\mu = \mu - \mu^*$ — Differenz des chemischen Potentials eines Kristalls kritischer Größe und eines großen Kristalls ($r \to \infty$).

Kristallbruchstücke, die kleiner sind als die kritische Größe, lösen sich wieder auf, d. h. die Lösung ist ihnen gegenüber untersättigt. Je höher die Übersättigung in der gesamten flüssigen Phase ist, desto kleiner ist die kritische Größe (s. Abb. 2–11) und desto größer die Möglichkeit zur heterogenen Keimbildung. Tabelle 2-3 gibt einen Überblick über wichtige Untersuchungen zum Problem der sekundären Keimbildung, wobei sich die Ergebnisse zum Teil widersprechen.

Zur Modellierung der Keimbildungsgeschwindigkeit in Kristallisatoren können einmal experimentelle Untersuchungen, die zu empirischen Modellen [49, 62, 67, 68, 71, 76, 103] führen, herangezogen werden. Zum anderen geht der Trend dahin, theoretische Modelle [47, 57, 59, 72, 73, 104] zu entwickeln, die dann durch wenige Experimente bestätigt werden.

Da die sekundäre Keimbildung als der häufigste Mechanismus der Keimbildung in industriellen Kristallisatoren angesehen wird, ist es zur besseren Modellierung des gesamten Kristallisationsprozesses unbedingt notwendig, sowohl die angedeuteten Modelle weiterzuentwickeln als auch nach besseren Beschreibungsmöglichkeiten zu suchen. Das bedingt insbesondere eine weitere Aufklärung des Mechanismus der Sekundärkeimbildung, um bessere Ansatzpunkte für die Entwicklung theoretischer Modelle zu erhalten.

Tabelle 2-3:

Untersuchungsbeispiele zum Problem der sekundären Keimbildung an einigen ausgewählten Substanzen

Substanz	Literatur
$CuSO_4 \cdot 5H_2O$	74, 76, 87, 105, 206, 208
$CaSO_4 \cdot 2H_2O$	105, 208
KCl	35, 58, 85, 86, 96, 97, 98, 105
KBr	58, 85, 86, 88, 96, 97, 105
KI	96, 97
K_2SO_4	62, 64, 205, 214, 216
$K_2Cr_2O_7$	71
KNO_3	75, 91–95, 98, 192
$KAl(SO_4)_2 \cdot 12H_2O$	80, 200, 210, 214, 219
LiF	96, 97
$MgSO_4 \cdot 7H_2O$	30, 49, 55, 57, 58, 61, 65, 68, 69, 79, 82, 85, 86, 89, 99, 105, 210, 214, 220–223
NaCl	81, 96, 97, 103, 196
NaF	96, 97
$NaClO_3$	46, 59, 91–95, 98, 102, 104, 195, 199, 217
$NaNO_3$	91–95, 216
$Na_2S_2O_3$	98
NH_4Cl	56, 102, 105, 192
NH_4Br	105, 192
NH_4NO_3	91–95
$(NH_4)_2SO_4$	67, 70, 203
NH_4ClO_3	101
CsCl	204
$FeSO_4 \cdot 7H_2O$	216
Citronensäure	54, 214, 221–223
Eis	47, 60, 194, 201, 202, 209, 215
Zucker	50, 197
$Ni(NH_4)_2(SO_4)_2 \cdot 6H_2O$	76, 225

2.3.2. *Kristallwachstum*

An die Bildung stabiler Keime, d. h. kristalliner Teilchen, deren Durchmesser größer als der kritische Radius ist, schließt sich das Wachstum in übersättigten Lösungen an. Die ersten Modellvorstellungen zur Erklärung des Mechanismus und der Geschwindigkeit des Wachstums gehen auf GIBBS (1878) und CURIE (1885) zurück [106, 107]. Sie setzen voraus, daß die Form eines wachsenden Kristalles durch ein Minimum der Oberflächenenergie bestimmt wird. Diese Theorie, die bis zur heutigen Zeit entscheidend weiterentwickelt wurde, wird als „Oberflächenenergietheorie" bezeichnet.

Die Diffusionstheorie, die von NOYES und WHITNEY [108] und NERNST [109—111] erarbeitet wurde, nimmt eine kontinuierliche Ablagerung des kristallisierenden Stoffes an der Kristalloberfläche an. Dabei ist die Geschwindigkeit des Ablagerungsvorganges proportional der Konzentrationsdifferenz zwischen dem Lösungsvolumen und der Kristalloberfläche (Ablagerungspunkt).

VOLMER [15] betrachtet das Wachstum der Kristalle als einen diskontinuierlichen Prozeß, bei dem eine schichtenweise Adsorption der Teilchen an der Kristalloberfläche erfolgt. Diese Theorie fand in den letzten Jahren starke Beachtung [112—124].

Die kinematische Theorie des Kristallwachstums geht von zwei simultanen Prozessen im Schichtenwachstum der Kristalle aus. Zunächst werden sogenannte Stufen auf den Kristallflächen erzeugt, und das Wachstum erfolgt durch Bewegung der Schichten entlang der Flächen.

2.3.2.1. Oberflächenenergietheorie

GIBBS geht bei seinen Betrachtungen zum Kristallwachstum davon aus, daß die gesamte freie Grenzflächenenergie eines Kristalls, der sich bei konstanten Temperatur- und Druckbedingungen mit seiner Umgebung (Mutterphase) im Gleichgewicht befindet, für eine bestimmte Grenzflächenform (Tracht) ein Minimum ist.

$$\sum_{i=1}^{n} O_i \sigma_i = \text{Minimum} \tag{2–48}$$

n — Anzahl der den Kristall begrenzenden Flächen, O_i — Flächenwert der i-ten Fläche des Kristalls, σ_i — Grenzflächenspannung der Fläche O_i.

Exakt wurde diese Beziehung von GIBBS für einen im Gleichgewicht mit einer Dampfphase stehenden isolierten Flüssigkeitstropfen abgeleitet, in dem die ihn aufbauenden Atome oder Moleküle zufällig verteilt sind. Obwohl die Beschränkung dieser Theorie in der zufälligen Verteilung der den Tropfen aufbauenden Teilchen liegt und andererseits in einem Kristall die Bausteine regulär lokalisiert sind, nahm CURIE sie als Ausgangspunkt für die Entwicklung einer allgemeinen Theorie des Kristallwachstums.

Später wurde gezeigt [125], daß die Gleichgewichtsform eines Kristalls in Beziehung zur freien Energie der Flächen steht und daß die Geschwindigkeit des Wachstumsprozesses dieser Flächen proportional zu ihrer Oberflächenenergie ist. Die Lösung der Gl. (2–48) wird als WULFFscher Satz bezeichnet.

$$\frac{\sigma_1}{h_1} = \frac{\sigma_2}{h_2} = \cdots \frac{\sigma_i}{h_i} = \cdots \frac{\sigma_n}{h_n} = \text{const} \tag{2–49}$$

h_i — Zentraldistanz der i-ten Fläche (Abstand vom WULFF-Punkt).

Bei der Berechnung der Konstanten geht man von einer modifizierten GIBBS-THOMSON-Gleichung aus und erhält:

$$RT \ln \frac{p_i}{p_\infty} = 2V \frac{\sigma_1}{h} \tag{2–50}$$

V – Molvolumen, p_i – Dampfdruck über den verschiedenen Flächen, p_∞ – Sättigungsdampfdruck.

Für die Differenz der chemischen Potentiale der mit dem Dampf im Gleichgewicht stehenden Kristalle gilt:

$$RT \ln \frac{p_i}{p_\infty} = \mu_i - \mu_\infty \tag{2–51}$$

Durch Kombination der Gln. (2–49) bis (2–51) ergibt sich für die Konstante c:

$$c = \frac{\mu_i - \mu_\infty}{2v} \tag{2–52}$$

Da die Oberflächenenergie einer Fläche zu der Netzebenen- bzw. Gitterdichte der betrachteten Gitterfläche umgekehrt proportional ist, leiten sich unterschiedliche Geschwindigkeiten ab. Die Flächen mit hohen Indizes (geringer Netzdichte) wachsen schneller und können dadurch verschwinden. Abbildung 2–14a zeigt einen Kristall, dessen verschiedene Flächen A, B und C mit unterschiedlicher Geschwindigkeit wachsen. Da das Wachstum einer Kristallfläche entlang der Flächennormalen vor sich geht und außerdem konstante Grenzwinkel im Kristall aufrechterhalten bleiben, muß das Fortschreiten der Flächen parallel zueinander erfolgen. Neben dem geometrisch regulären Kristall, bei dem die Wachstumsgeschwindigkeit der Flächen nicht variiert, werden invariante Kristalle (Abb. 2–14a), die ihre geometrische Form aufrechterhalten, und Kristalle, die ihre geometrische Ausgangsform nicht beibehalten (Abb. 2–14b), unterschieden. Bei letzteren spricht man von

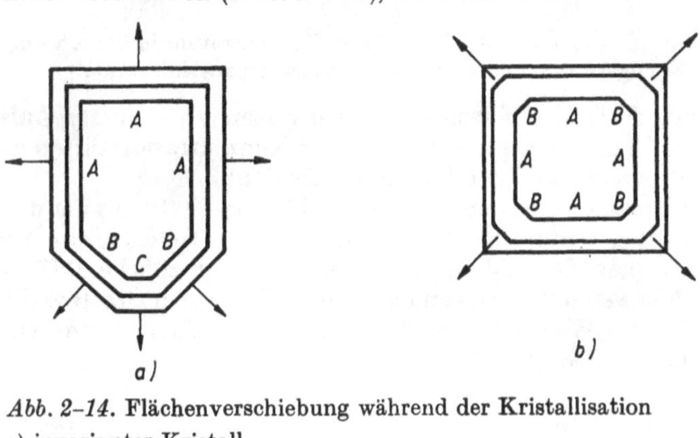

Abb. 2–14. Flächenverschiebung während der Kristallisation

a) invarianter Kristall

b) Flächenüberlappung

einer „Überlappungsform" des Wachstums, bei der die schneller wachsenden Flächen allmählich in der Form des Kristalls verschwinden und ein geometrisch regulärer oder invarianter Kristall angestrebt wird. Abbildung 2–14 enthält für beide Formen verschiedene Stufen des Wachstums, wobei für die Wachstumsgeschwindigkeit der Flächen gilt:

$$A < B < C \quad \text{bzw.} \quad A < B$$

Mit Hilfe dieser Theorie ist es bei Kenntnis der Oberflächenenergien der einzelnen Flächen und den Bindungsverhältnissen möglich, im Kristall die Gleichgewichtsformen zu bestimmen. Diese Theorie hat jedoch nur für ein Wachstum von Kristallen aus der Gasphase exakte Gültigkeit. Wird das Wachstum aus Lösungen betrachtet, sind die Wachstumsgeschwindigkeiten der verschiedenen Flächen nicht mehr spezifisch und damit nicht mehr den Oberflächenenergien proportional. Die grenzflächenspezifische Adsorption und damit eine unterschiedliche Beeinflussung der einzelnen Flächen erhält eine entscheidende Bedeutung. Ein weiterer Nachteil der Oberflächenenergietheorie ist ihr Versagen bei der Interpretation solcher Effekte wie Einfluß der Übersättigung der Lösung und der Lösungsbewegung auf die Kristallwachstumsgeschwindigkeit.

2.3.2.2. Diffusionstheorie

Die Diffusionstheorie basiert auf der Vorstellung, daß die Wachstumsgeschwindigkeit der Kristalle in einer übersättigten Lösung durch den Transport des gelösten Stoffes aus dem Volumen der Lösung zur Grenzfläche Kristall—Lösung bestimmt wird. NOYES und WHITNEY [108] gelangten empirisch zu einer Gleichung der Form

$$\frac{\mathrm{d}m}{\mathrm{d}t} = k_m O(c - c_s) \tag{2–53}$$

m — abgeschiedene Masse, O — Kristalloberfläche, c — Konzentration in der Lösung, c_s — Gleichgewichtssättigungskonzentration, k_m — Massenübergangskonstante.

Sie betrachten also den Kristallisationsprozeß als inversen Vorgang zur Auflösung. Damit wird die Transportgeschwindigkeit der Konzentrationsdifferenz zwischen Festkörperoberfläche und der Lösung proportional.

Ausgehend von der Existenz eines unbeweglichen Flüssigkeitsfilmes um den Kristall, einer sogenannten Diffusionsschicht, durch die die Teilchen in einer bestimmten Zeiteinheit aus dem Lösungsvolumen zur Grenzfläche diffundieren müssen, leitet NERNST unter Anwendung des 1. FICKschen Gesetzes die folgende Gleichung für die Wachstumsgeschwindigkeit ab. Darin entspricht der Ausdruck D/δ dem k_m in Gl. (2–53).

$$\frac{\mathrm{d}m}{\mathrm{d}t} = \frac{D}{\delta} \cdot O(c - c_s) \tag{2–54}$$

D — Diffusionskoeffizient, δ — Diffusionsschichtdicke.

Für die Diffusionsschichtdicke δ werden in der Literatur unterschiedliche Werte angegeben, so z. B. bei Mullin [36] von 20 bis 150 µm und bei Nyvlt [126] von 20 bis 50 µm [127—129], wobei letzterer Größen um 150 µm als unwahrscheinlich bezeichnet; diese sollten nur in ungerührten Lösungen vorkommen.

Experimentell konnten für jeden Stoff spezifische Kristallisationsgeschwindigkeiten bestimmt werden. Außerdem stellte Marc [130—133] fest, daß sich allgemein eine Substanz mit größerer Geschwindigkeit auflöst als sie auskristallisiert, auch wenn vergleichbare experimentelle Bedingungen herrschen. Diese Tatsache bedingte eine Modifizierung der Diffusionstheorie [134—137], wobei die Abscheidung der Stoffe an der Kristalloberfläche als ein Zweistufenmechanismus angesehen wird.

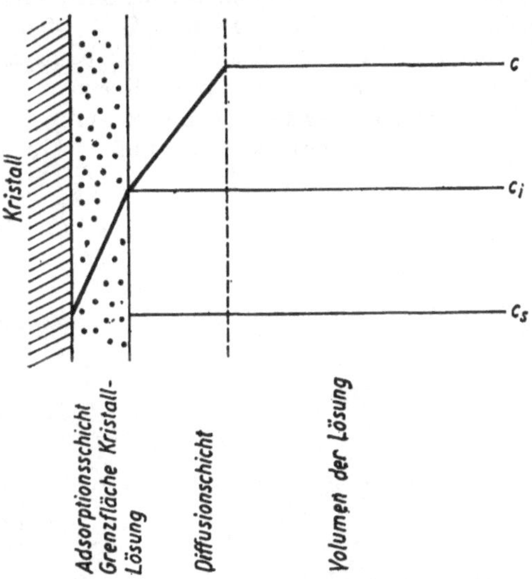

Abb. 2-15. Schematische Darstellung der Konzentrationsverhältnisse eines wachsenden Kristalls in Verbindung mit seiner Lösung

c — Konzentration in der übersättigten Lösung
c_i — Konzentration an der Grenzfläche Kristall—Lösung
c_s — Gleichgewichtssättigungskonzentration

Der Transport der gelösten Moleküle oder Ionen aus der Lösung an die Oberfläche des Feststoffes erfolgt durch Diffusion. Daran schließt sich eine Reaktion 1. Ordnung an, die dem Einbau in das Kristallgitter entspricht. Daraus ergeben sich folgende Beziehungen:

$$\text{Diffusion:} \quad \frac{\mathrm{d}m}{\mathrm{d}t} = k \cdot O \cdot (c - c_i) \qquad (2\text{–}55)$$

$$\text{Reaktion:} \quad \frac{\mathrm{d}m}{\mathrm{d}t} = k_r \cdot O \cdot (c_i - c_s) \qquad (2\text{–}56)$$

k — Massenübergangskonstante der Diffusion, k_r — Geschwindigkeitskonstante der Oberflächenreaktion.

Die Konzentrationsdifferenzen $(c - c_i)$ bzw. $(c_i - c_s)$ werden als Triebkraft der Diffusion bzw. Triebkraft der Reaktion bezeichnet. In neuere Vorstellungen zur Adsorptionstheorie wurden auch Begriffe anderer Theorien einbezogen; so z. B. die Adsorptionsschicht, die die Grundlage der Adsorptionstheorie bildet.

Abbildung 2–15 zeigt in einer schematischen Darstellung einen Kristall im Kontakt mit einer übersättigten Lösung. Der Kristall ist zunächst von einer sogenannten Adsorptionsschicht (auch als VOLMERsche Grenzschicht bezeichnet) von etwa 1 bis 10 nm umgeben. Ihre Breite ist von dem in der Lösung vorhandenen Konzentrationsgradienten abhängig. Bei kleinen Übersättigungen ist sie sehr dünn und steht in enger Verbindung zur Kristallfläche. Bei großen Übersättigungen werden diese Adsorptionsschichten dicker, aber sie werden auch weniger durch den Kristall angezogen. Die Stärke des festen Filmes, der sich hypothetisch an die Adsorptionsschicht anschließt, wird in entscheidendem Maße durch die Rührintensität beeinflußt. In Abb. 2–15 ist der Konzentrationsverlauf idealisiert dargestellt. In Wirklichkeit sind die Konzentrationsunterschiede nicht so groß und der Verlauf ist auch nicht linear.

Die Gln. (2–55) und (2–56) sind schwer anzuwenden, da die Messung der Grenzflächenkonzentration c_i kompliziert ist. c_i wird deshalb eliminiert und man erhält:

$$\frac{\mathrm{d}m}{\mathrm{d}t} = \frac{k_d \cdot k_r}{k_d + k_r} \cdot O(c - c_s) \tag{2–57}$$

bzw.

$$\frac{\mathrm{d}m}{\mathrm{d}t} = K_G \cdot O \cdot (c - c_s) \tag{2–58}$$

mit

$$\frac{1}{K_G} = \frac{1}{k_d} + \frac{1}{k_r} \tag{2–59}$$

und

$$k_d = \frac{D}{\delta} \tag{2–60}$$

K_G — Gesamtwachstumsgeschwindigkeitskoeffizient.

Aus den Gln. (2–57) und (2–58) kann für schnelle Oberflächenreaktionen, also für großes k_r, abgeleitet werden

$$k_r \gg k_d \qquad K_G \approx k_d$$

und damit

$$\frac{\mathrm{d}m}{\mathrm{d}t} = \frac{D}{\delta} \cdot O(c - c_s) \tag{2–61}$$

Bei schnellerem Diffusionsvorgang gilt

$$k_d \gg k_r \qquad K_G \approx k_r$$

und damit

$$\frac{\mathrm{d}m}{\mathrm{d}t} = k_r \cdot O \cdot (c - c_s) \tag{2-62}$$

Zahlreiche experimentelle Untersuchungen bestätigten den linearen Zusammenhang zwischen Wachstumsgeschwindigkeit und Konzentrationstriebkraft.

Bei einer Reihe von Systemen vor allem mit anorganischen Salzen wurde jedoch festgestellt, daß das Konzentrationsglied verändert werden muß [138, 139]. Es ist ein Exponent einzuführen, dessen Werte zwischen 1,5 und 2 liegen. Damit erhält die Geschwindigkeitsgleichung für den Gesamtprozeß folgendes Aussehen:

$$\frac{\mathrm{d}m}{\mathrm{d}t} = K_G \cdot O \cdot (c - c_s)^n \qquad (2\text{–}63)$$

Die einzelnen Konstanten k_r und k_d sind experimentell schwer zugängig und variieren von Fläche zu Fläche. Für k_d wurden von Berg [140] sogar Unterschiede auf einer Fläche festgestellt. Trotz der Nachteile, die die Diffusionstheorie aufweist (z. B. keine Erklärung des Schichtenwachstums, keine Übereinstimmung mit der Adsorptionstheorie), wird sie oft als bevorzugte Näherungsmethode bei der mathematischen Beschreibung der Stoffübergänge herangezogen, vor allem bei technologischen Betrachtungen.

2.3.2.3. Adsorptionstheorie

Die Basis der Adsorptionstheorie bilden die experimentell beobachteten Schichten gelöster Ionen, Atome oder Moleküle um den Kristall. Sie wurden von Volmer, wie schon erwähnt, als Adsorptionsschichten bezeichnet. Durch die Verbesserung und Modifizierung der Gibbs-Volmer-Theorie ergeben sich erhebliche Abweichungen von den früher erarbeiteten Postulaten. Im folgenden soll ein kleiner Einblick in die Vielfalt dieser Theorie gegeben werden.

Die Gibbs-Volmer-Theorie beruht auf thermodynamischen Überlegungen. Einheiten der kristallisierenden Substanz, die an die Kristallfläche gelangen, werden nicht immer unverzüglich in das Kristallgitter eingebaut, sondern bilden eine lose adsorbierte Schicht. Zwischen ihr und dem Volumen der Lösung bildet sich ein dynamisches Gleichgewicht aus. Die in dieser Adsorptionsschicht vorhandenen Gitterbausteine — Ionen, Atome, Moleküle — werden an aktiven Zentren (große Anziehungskräfte) ins Gitter eingebaut. Dieser Vorgang setzt sich schrittweise fort, bis eine komplette Fläche erhalten wird. Bei einem weiteren Wachstum ist es zunächst notwendig, daß ein sogenannter zweidimensionaler Keim vorhanden ist, von dem aus die neu aufzubauende Kristallfläche wächst. Entsprechend den Ableitungen für die dreidimensionale Keimbildung (vgl. Kap. 2.3.1.1.) ergibt sich für die Gesamtänderung der freien Enthalpie aus dem Volumen- und Oberflächenanteil für die zweidimensionale Keimbildung:

$$\Delta G = O \cdot \sigma + v \cdot \Delta G_v \qquad (2\text{-}64)$$

O — Fläche des Keimes, v — Volumen des Keimes, σ — Oberflächenenergie pro Flächeneinheit, ΔG_v — freiwerdende Energie bei der Bildung einer neuen Phase.

Bei Annahme des Keimes in Form eines zweidimensionalen Diskus mit dem Durchmesser r und der Höhe h erhält man:

$$\Delta G = 2\pi r h \sigma + \pi r^2 h \Delta G_v \tag{2–65}$$

$$\frac{\mathrm{d}\Delta G}{\mathrm{d}r} = 2\pi h \sigma + 2\pi r h \Delta G_v = 0 \tag{2–66}$$

Daraus ist es möglich, die Größe des kritischen zweidimensionalen Keimes zu ermitteln:

$$r_k = -\frac{\sigma}{\Delta G_v} \tag{2–67}$$

Vergleicht man dieses Ergebnis mit der analogen Beziehung für den dreidimensionalen Keim

$$r_k = -\frac{2\sigma}{\Delta G_v} \tag{2–68}$$

so kann festgestellt werden, daß der kritische Radius eines zweidimensionalen Keimes unter der Voraussetzung gleicher Umgebungsbedingungen halb so groß ist wie der dreidimensionale. Daraus ergibt sich, daß unter den Bedingungen, bei denen ein dreidimensionaler Keim gerade noch bestehen kann, ein zweidimensionaler Keim der halben Größe lebensfähig ist. Die Gln. (2–65) und (2–67) gestatten die Enthalpie zu ermitteln, die zur Bildung eines stabilen zweidimensionalen Keimes notwendig ist:

$$\Delta G_k = -\frac{\pi h \sigma^2}{\Delta G_v} \tag{2–69}$$

Unter Einbeziehung der Gibbs-Thomson-Gleichung ergibt sich:

$$\Delta G_k = \frac{\pi h \sigma^2 v}{kT \ln S} \tag{2–70}$$

Die Geschwindigkeit der zweidimensionalen Keimbildung r_N' kann dann in Form einer Arrheniusschen Reaktionsgeschwindigkeitsgleichung geschrieben werden:

$$r_N' = J_0' \exp\left(-\Delta G_k / k \cdot T\right) \tag{2–71}$$

bzw.

$$r_N' = J_0' \exp\left[-\frac{\pi h \sigma^2 v}{k^2 T^2 \ln S}\right] \tag{2–71}$$

Das Verhältnis der Enthalpien, die zur Bildung eines dreidimensionalen bzw. zweidimensionalen Keimes benötigt werden, kann aus den Gln. (2–23) und (2–69) zu $16\sigma v/(3kTh \ln S)$ bestimmt werden.

Betrachtet man die experimentellen Untersuchungen zu diesem Komplex [126—140], so ist zu erkennen, daß nicht alle Ergebnisse entsprechend diesen Vorstellungen gedeutet werden können.

Kossel [114] und Stranski [113, 141—145] haben ein Bild vom reihenweisen Aufbau der Netzebenen der Kristalle entwickelt. Dabei wird das Einfügen der Gitterbausteine als wiederholbarer Schritt bezeichnet. Zur Berechnung werden die Energien, die beim Anbau eines Gitterbausteines an seinen Reihennachbarn frei werden (als Bindungsenergien bezeichnet) und die Energien, die als Arbeit eines Bausteines aufgebracht werden müssen (sogenannte Abtrennarbeit) herangezogen. Diese Auffassungen setzen voraus, daß

- der Kristall sich im Gleichgewicht mit seiner wenig übersättigten Mutterphase befindet,
- der Kristall frei von Verunreinigungen und Fehlordnungen ist (Idealität),
- zwischen den Bausteinen Zentralkräfte wirken, wie die elektrostatische Anziehung von entgegengesetzt geladenen Ionen bzw. van der Waalssche Kräfte. Entropieterme und Wärmebewegungen bleiben unberücksichtigt.

Dabei kann gesagt werden, daß die Bausteine, für die die größten Abtrennarbeiten notwendig sind, am seltensten von der Oberfläche entfernt werden und umgekehrt, daß sich die Teilchen am leichtesten an Stellen mit höchster Abtrennarbeit anlagern. Der Prozeß des Wachstums erfolgt in drei Stufen (vgl. Abb. 2–16):

1. Anlagerung eines Bausteines an irgendeiner Stelle der Oberfläche; an diesen wird ein weiterer angebaut usw. bis die Kette vollständig ist.
2. Bildung einer weiteren Kette.
3. Anlagerung an eine Wachstumsstelle (häufigster Schritt).

Für die errechneten Energien, die bei der Anlagerung frei werden, ergeben sich für die in Abb. 2–17 dargestellten Anlagerungsschritte auf einer Würfelfläche vom NaCl-Typ die in Tab. 2–4 aufgeführten Werte. φ_1, φ_2 und φ_3 bezeichnen die Energiebeträge für die drei verschiedenen Anlagerungsstufen, Anlagerung an einer Wachstumsstelle *3* (Halbkristallage), Beginn einer neuen Kette *2* und Anlagerung auf einer Netzebene.

Theoretisch sind noch weitere Anlagerungsmöglichkeiten denkbar und deren Energiewerte berechenbar (vgl. [13, 14, 113, 146]). In analoger Weise

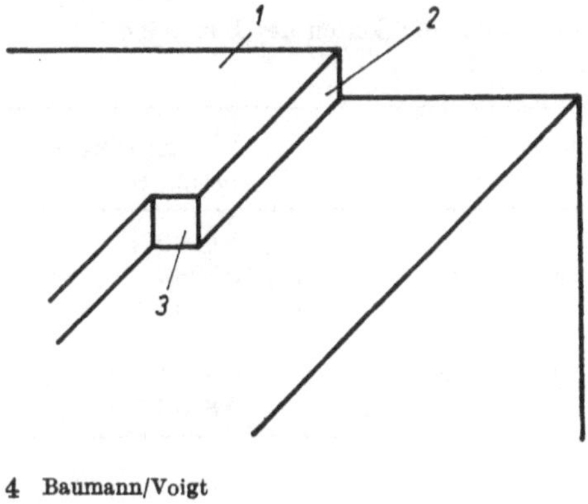

Abb. 2–16. Anlagerung von Bausteinen an einen Gitterblock

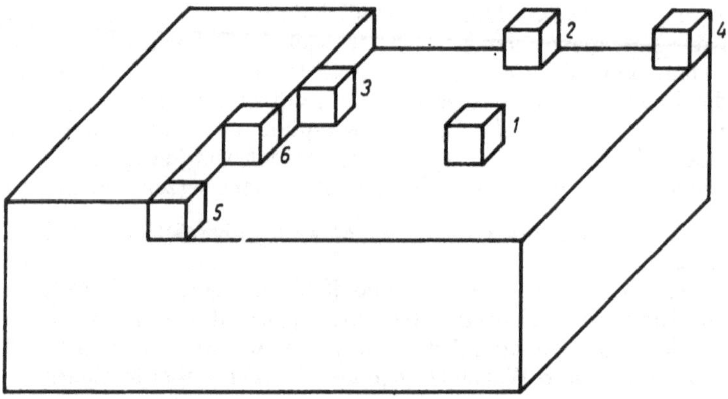

Abb. 2–17. Die verschiedenen Anlagerungsmöglichkeiten der Bausteine des Gitters heteropolarer Kristalle mit NaCl-Struktur

wurden Energien für nichtpolare Kristalle und verschiedene Gittertypen berechnet [14]. Die Ergebnisse beweisen, daß das Wachstum alternierend vonstatten geht. Nachdem eine Netzebene begonnen wurde, schreitet das Wachstum rasch voran. Außerdem ergibt sich aus dem Vergleich der Energiewerte der verschiedenen Anlagerungsmöglichkeiten, daß Ionenkristalle von den Ecken beginnend wachsen und sich zur Kristallmitte vollenden. Bei sehr hohen Übersättigungen beobachtet man, daß der Aufbau der neuen Netzebenen schon beginnt, ehe die bereits begonnenen beendet sind. Daraus ergeben sich sogenannte Hohlpyramiden.

Die entwickelte Theorie bietet Ansätze zur Bestimmung von stabilen Gleichgewichtsformen der Kristalle. Experimentell [147] konnte jedoch nachgewiesen werden, daß viele Kristallflächen auch bei niedrigeren Übersättigungen (niedriger als zur Induktion von zweidimensionalen Keimen benötigt)

Tabelle 2–4

Energiewerte für einige verschiedene Anlagerungsmöglichkeiten der Bausteine des Gitters hereropolarer Kristalle mit NaCl-Struktur

Lage der Bausteine in Abb. 2–17	Summenbildung der Teilenergien	Gesamtenergiebetrag φ
1	φ_3	0,0662
2	$1/2\varphi_2 + 1/2\varphi_3$	0,0903
3	$\varphi_2 + \varphi_3$	0,1806
4	$1/4\varphi_1 + 1/2\varphi_2 + 1/4\varphi_3$	0,2470
5	$1/2\varphi_1 + \varphi_2 + 1/2\varphi_3$	0,4941
6	$\varphi_1 + \varphi_2 + \varphi_3$	0,8738

mit relativ größerer Geschwindigkeit wachsen, als es die beschriebene Theorie voraussagt.

Eine Lösung dieses Problems ergaben die Arbeiten von FRANK [115]. Er stellte fest, daß die wenigsten Kristalle in einer idealen Schicht-auf-Schicht-Folge wachsen. Auf den Kristallflächen wurden Dislokationen beobachtet, die durch das Wachstum nicht ausheilen. Damit entsteht der resultierende Kristall nicht aus einer Aufeinanderfolge von Schichten (Idealkristall), sondern aus einer einzigen spiralenförmigen Schicht. Eine Form, die sogenannte Schraubenversetzung, ist in Abb. 2–18 dargestellt. Dabei windet sich die Stufe spiralenförmig um den „Versetzungspunkt". Im Verlaufe des Wachstums sind demzufolge immer Wachstumsstellen vorhanden, und eine erneute zweidimensionale Keimbildung, wie sie beim Schichtenwachstum nach dem KOSSEL-Modell erforderlich ist, entfällt. Das Wachstum kann deshalb bei sehr niedrigen Übersättigungen erfolgen.

Erste kinetische Berechnungen wurden von BURTON, CABRERA und FRANK (BCF-Theorie) [116] vorgenommen. Ausgangspunkt ihrer Überlegungen war dabei die Tatsache, daß die Stufe zwar überall mit der gleichen linearen Geschwindigkeit vorrückt, jedoch die Winkelgeschwindigkeit in der Nähe des Versetzungspunktes A am größten ist und in Richtung B abnimmt. Aus den abgeleiteten Beziehungen der BCF-Theorie ergibt sich als Ausdruck für die Kristallwachstumsgeschwindigkeit R

$$R = A \cdot \sigma^2 \tan h(B/\sigma) \qquad (2\text{–}73)$$

$$\sigma = (c - c_s)/c_s$$

A und B stellen dabei temperaturabhängige Konstanten dar, die von den Stufenabständen abhängige Parameter enthalten. Dieses Gesetz hat jedoch nur für die niedrige Übersättigung Gültigkeit. Für hohe Übersättigungen besteht eine lineare Beziehung zwischen R und σ.

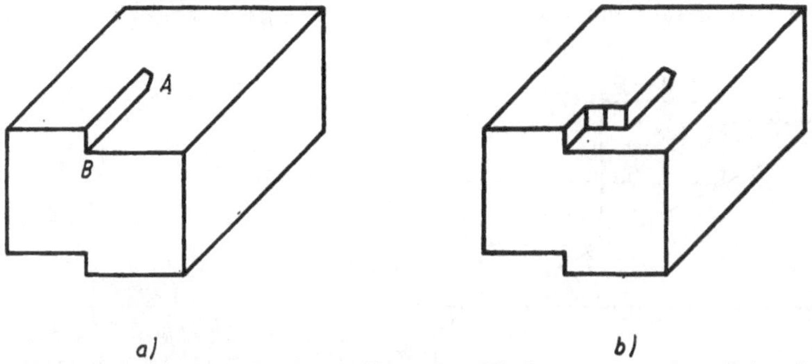

Abb. 2–18. Schematische Darstellung des Wachstums an einer Schraubenversetzung entsprechend dem FRANKschen Modell

a) Schraubenversetzung

b) Anlagerung von Bausteinen an eine Schraubenversetzung

Ausgangspunkt für die Ableitung der BCF-Theorie war das Kristallwachstum aus der Dampfphase. Um sie auf die Kristallisation aus Lösungen ausdehnen zu können ist es notwendig, weitere Faktoren in die Betrachtungen einzubeziehen, wie z. B. die Komplexität der Systeme, die Berücksichtigung höherer Viskositäten und geringeres Diffusionsvermögen in der Lösung, die komplizierteren Transportphänomene (z. B. Hydratation), die veränderte Oberflächendiffusion in den Adsorptionsschichten.

Detaillierte Darstellungen sind u. a. den Veröffentlichungen von Bennema [118—123], Gilmer, Ghez und Cabrera [124] zu entnehmen.

Betrachtungen zu verschiedenen Typen von Dislokationen, die das Kristallwachstum begünstigen, finden sich bei Albon [148, 149].

2.3.2.4. *Kinematische Theorie*

Grundlegende Arbeiten zur kinematischen Theorie des Kristallwachstums wurden von Frank [150], Cabrera u. Mitarb. [151, 152] und Chernov [117] veröffentlicht. Für unser Anliegen sind besonders die Arbeiten interessant, die sich mit der Anwendung der kinematischen Theorie auf das Kristallwachstum aus Lösungen, den Einfluß von Verunreinigungen sowohl auf die Wachstumsgeschwindigkeit als auch auf die Morphologie und Kristallform beschäftigen. Hier wird das Wachstum als die Bewegung von Stufeneinheiten der Höhe h entlang einer geeigneten Bezugsfläche auf den Kristall betrachtet. Dabei handelt es sich um einen zweidimensionalen Prozeß, der sich auf einem prismatischen oder zylindrischen Kristall oder auf einer Schicht einheitlicher Dicke aber willkürlicher Form vollzieht. Die Grundvoraussetzung ist dabei die Erzeugung von Stufen, die als Wachstumsquellen verwendet werden können. Die schematische Darstellung einer Kristalloberfläche mit Stufen zeigt Abb. 2–19.

Das Wachstum einer Fläche wird in Form des Fortschreitens der Stufen entlang der Kristallfläche betrachtet, wobei die Stufengeschwindigkeit u von

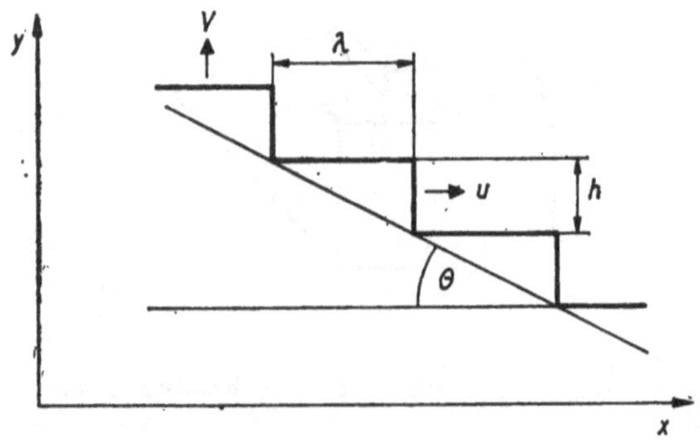

Abb. 2–19. Zweidimensionale schematische Darstellung von Stufen auf einer Kristallfläche (nach Mullin [36])

der Nähe anderer als Wachstumseinheiten zu betrachtender Stufen mitbestimmt wird. Umgekehrt verläuft der Vorgang bei der Auflösung.

Es ergibt sich:

$$u = q \cdot n^{-1} \tag{2–74}$$

q — Stufenfluß: Zahl der Stufen, die einen gegebenen Punkt pro Zeiteinheit passieren,
n — Stufendichte: Zahl der Stufen pro Längeneinheit eines bestimmten Bereiches,
u — Stufengeschwindigkeit.

Die Entfernung zwischen den Stufen λ ist der reziproke Wert der Stufendichte

$$\lambda = n^{-1} \tag{2–75}$$

Für den Oberflächenanstieg, d. h. die Neigung der Wachstumsfront bezogen auf die geschlossen bepackte Oberfläche ist dann

$$p = h \cdot n = \tan \Theta \tag{2–76}$$

bzw. in differentieller Schreibweise

$$p = \frac{\partial y}{\partial x} \tag{2–77}$$

p — Neigung der Wachstumsfront, h — Stufenhöhe, λ — Entfernung zwischen den Stufen.

Die Flächenwachstumsgeschwindigkeit v, die senkrecht auf die Oberfläche bezogen ist, errechnet sich zu

$$v = h \cdot q = h \cdot n \cdot u = u \cdot \tan \Theta \tag{2–78}$$

bzw.

$$v = \frac{\partial y}{\partial t} \tag{2–79}$$

t — Zeit.

Lighthill und Witham [153] definierten für diesen in Abb. 2–19 dargestellten zweidimensionalen Fall eine sogenannte „kinematische Wellengeschwindigkeit“ c

$$c = \mathrm{d}x/\mathrm{d}t, \tag{2–80}$$

die die Bewegung der Regionen an der Kristallfläche mit einer konstanten Neigung p und einer Geschwindigkeit v charakterisiert. Diese Winkel enthalten nicht alle monomolekularen Stufen in der Gesamtheit, im Gegensatz zu der Stufengeschwindigkeit u ($u = v/p$), so daß c größer oder kleiner als u sein kann.

Mit Hilfe der kinematischen Theorie ist es möglich, Stufenvergrößerungen (Vereinigung von Stufen), Stabilität von Stufenabständen, den Einfluß von Verunreinigungen usw. auf das Wachstum von Kristallen zu betrachten. Sie ist besonders dazu geeignet, Stufenprofile zu ermitteln und wird deshalb bevorzugt für die Betrachtung einzelner Kristalle, weniger für die Massenkristallisation angewendet.

2.3.2.5. *Kristallwachstumsgeschwindigkeiten*

Für eine kinetische Beschreibung des Fortschreitens eines Kristallisationsprozesses wird allgemein die Kristallwachstumsgeschwindigkeit verwendet. Je nach Bezugssystem sind verschiedene Wachstumsgeschwindigkeiten definiert worden.

Flächenverschiebungsgeschwindigkeit

Zur exakten Darlegung des Kristallisationsfortschritts bei Einkristallen wird das Vorrücken von Flächen in Normalenrichtung angegeben. Da, wie bereits beschrieben, verschiedene Flächen differenzierte Wachstumsgeschwindigkeiten aufweisen, ist es für exakte Betrachtungen notwendig, die Verschiebungsgeschwindigkeit jedes Flächentyps zu ermitteln. Für Kaliumaluminiumalaun-Kristalle unterscheiden sich die Verschiebungsgeschwindigkeiten der (111)- und der (012)-Fläche um den Faktor 27 (Spangenberg [154]).

Experimentell wird die Wachstumsgeschwindigkeit entweder durch unmittelbare Längenmessungen mit Schraubentaster, Mikrometerschraube oder über mikroskopische Längenmessungen (Objektmikrometer, Meßschraubenokular) bestimmt oder durch Filmen oder Photographieren und nachträgliches Ausmessen der Bilder.

Aus zahlreichen Laboruntersuchungen an verschiedenen Substanzen können drei wesentliche Ergebnisse abgeleitet werden:

1. Die Wachstumsgeschwindigkeit ist selten 1. Ordnung in bezug auf die Konzentrationstriebkraft.
2. Die Relativgeschwindigkeit zwischen wachsendem Kristall und Lösung hat entscheidenden Einfluß auf die Verschiebungsgeschwindigkeit der Flächen.
3. Signifikantes Wachstum findet nur statt, wenn ein bestimmter Grad an Übersättigung vorhanden ist.

Mullin [36] gibt für das Salzhydrat $K_2SO_4 \cdot Al_2(SO_4)_3 \cdot 24 H_2O$ an, daß alle Flächen gleich schnell wachsen, d. h., es kristallisiert in perfekten Tetraedern mit nur (111)-Flächen. Die ermittelte Beziehung für die Verschiebungsgeschwindigkeit $v_{(hkl)}$ lautet:

$$v_{(111)} = K \cdot \Delta c^n \,(\mathrm{m/s}). \tag{2–81}$$

n und K variieren dabei zwischen 1,4 und 1,6 bzw. 3×10^{-5} bis 2×10^{-4} in Abhängigkeit von der Durchmischung der Lösung. Wird in die Betrachtungen einbezogen, daß die Relativgeschwindigkeit w zwischen wachsendem Kristall und Lösung einen Einfluß auf die Verschiebungsgeschwindigkeit der Flächen hat, erhält man folgende allgemeine Beziehung:

$$v_{(hkl)} = c \cdot w^a \cdot \Delta c^n \tag{2–82}$$

c — Konstante.

a und n stellen Funktionen der Relativgeschwindigkeit dar. Mit der Einbeziehung der Größe w in die Geschwindigkeitsgleichung wird zunächst der Tatsache Rechnung getragen, daß die Relativgeschwindigkeit zwischen Kristall und Lösung bei verschiedenen Substanzen das Kristallwachstum beeinflußt. Andererseits stellt sich dieser Geschwindigkeitseffekt auch als ein Kristallgrößeneffekt dar, wenn es sich um das Wachstum frei suspendierter Kristalle in einem Kristallisator handelt. Da größere Kristalle eine höhere Absetzgeschwindigkeit haben als die kleineren, werden größere Relativgeschwindigkeiten zwischen Feststoff und Lösung benötigt, um die Suspension stabil zu halten.

Mittlere lineare Wachstumsgeschwindigkeit

Ist es nicht notwendig, exakt die Wachstumsgeschwindigkeit einzelner Flächen eines Kristalls oder einzelner Kristalle eines Körnerkollektivs zu kennen, kann als pauschale Durchschnittsgröße die mittlere lineare Wachstumsgeschwindigkeit $\bar{v}$ entsprechend der Definition von Matz [3] verwendet werden:

$$\bar{v} = \frac{\mathrm{d}m}{\mathrm{d}t} \cdot \frac{1}{O \cdot \varrho_{FS}} \quad (\mathrm{m/s}) \tag{2–83}$$

ϱ_{FS} — Dichte des Feststoffes.

Der Ausdruck $\mathrm{d}m/\mathrm{d}t$ ist durch Auswertung der Experimente nach der Wachstumsgleichung der Diffusionstheorie (Gl. (2–58)) zu ermitteln.

Gesamtwachstumsgeschwindigkeit (Massenablagerungsgeschwindigkeit)

Um bei der industriellen Massenkristallisation Aussagen über Wachstumsgeschwindigkeiten zu erhalten, ist es günstiger, diese in Form der Massenablagerung pro Zeiteinheit und Fläche der Kristalle auszudrücken. Voraussetzung ist jedoch die Möglichkeit einer gründlichen Kontrolle der Kristallisationsbedingungen. Da der Einfluß der Übersättigung, der Einfluß der Relativgeschwindigkeit zwischen Kristallen und der Lösung ebenso wie die Tatsache, daß die Wachstumsgeschwindigkeit mit der Kristallgröße variiert, berücksichtigt werden muß, wird in Übereinstimmung mit den Definitionen zur kinetischen Erfassung des Wachstums bei Einkristallen (Gl. (2–82)) folgende Gleichung verwendet:

$$r_G = c' \cdot \bar{L}^m \cdot \Delta c^n \quad (\mathrm{g \cdot m^{-2} \cdot s^{-1}}) \tag{2–84}$$

c' — Konstante, $\bar{L}$ — mittlere Kristallgröße, m, n — Exponenten.

Werden Kristalle von gleich schnell wachsenden Flächen begrenzt (Oktaeder, Würfel), ist es möglich, aus der Flächenverschiebungsgeschwindigkeit $v_{(hkl)}$ durch Verwendung der Dichte der kristallisierenden Substanz die Massenablagerungsgeschwindigkeit zu ermitteln:

$$r_G = \varrho_{FS} \cdot v_{(hkl)} \tag{2–85}$$

Beziehungen zwischen den einzelnen Wachstumsgeschwindigkeiten

Es gibt keine allgemein gültige Methode, um Kristallwachstumsgeschwindigkeiten auszudrücken. Ursachen sind die Komplexität der Einflußfaktoren, die die Geschwindigkeit in entscheidender Weise beeinflussen. Genannt seien nur die Temperatur, die Übersättigung der Lösung, die Kristallgröße und -form, der Durchmischungsgrad (Relativgeschwindigkeit zwischen Kristall und Lösung), die Fremdstoffgehalte und der Kristallisatortyp.

Werden die Kristallisationsbedingungen jedoch sorgfältig definiert, dann ist es möglich, die Kristallwachstumsgeschwindigkeit in Form der Massenablagerungsgeschwindigkeit r_G, einer mittleren linearen Gesamtwachstumsgeschwindigkeit $\bar{v}$ oder einer linearen Gesamtwachstumsgeschwindigkeit G ($G = 2\bar{v}$) darzustellen. Mullin [36] gibt folgende Gleichungen für die Beziehungen dieser Größen untereinander an:

$$r_G = K_G \cdot \Delta c^n = \frac{dm}{dt} \cdot \frac{1}{O}$$

$$= \frac{3\alpha}{\beta} \varrho_{FS} \frac{dL}{dt} = \frac{3\alpha}{\beta} \varrho_{FS} \cdot G$$

$$= \frac{6\alpha}{\beta} \varrho_{FS} \frac{dr}{dt} = \frac{6\alpha}{\beta} \varrho_{FS} \bar{v} \tag{2–86}$$

L — Kristalldurchmesser, r — Kristallradius, α, β — Volumen- oder Oberflächenfaktor.

Als Definitionsgleichungen der Formfaktoren werden verwendet:

$$\alpha = \frac{m}{\varrho_{FS} \cdot L^3} \tag{2–87}$$

bzw.

$$\beta = \frac{O}{L^2} \tag{2–88}$$

Für Kristalle von Würfel- oder Kugelform ist $6\alpha/\beta = 1$ und für Oktaeder $6\alpha/\beta = 0{,}816$.

2.3.3. Alterung

Sind Kristallisate mit erheblicher Größendispersion (kleinste, kaum über den kritischen Radius hinausgewachsene bis zu grobkörnigen Teilchen) in Lösungen suspendiert, die im makroskopischen Bereich als gesättigt oder übersättigt gelten, so setzen sogenannte Alterungsprozesse ein, die zu Veränderungen der durch Keimbildung und Wachstum primär entstandenen Kornverteilung des Kristallisates führen, Strukturveränderungen an den Einzelkristallen hervorrufen und Veränderungen des Gehaltes an Verunreinigungen bewirken. Die Alterungsprozesse sind sehr komplexer Natur. Wesentliche Teilprozesse stellen die OSTWALD-Reifung, die Agglomeration und die Rekristallisation dar.

Der Begriff „Alterung“ wird nicht einheitlich gehandhabt und oft nur mit einem der genannten Teilprozesse identifiziert.

Die Ursachen der Alterungsprozesse liegen in der mechanischen Aktivierung der Kristalle, z. B. durch gegenseitige Zusammenstöße, Kristall-Rührer- oder Kristall-Wand-Kontakte, in der Oberflächenabhängigkeit des chemischen Potentials der Kristalle, in Energieüberschüssen infolge von Wachstumsfehlern und Verunreinigungen der Kristalle sowie in geringfügigen räumlichen und zeitlichen Schwankungen der Sättigung der Lösung, z. B. durch kleine Temperaturänderungen.

Obwohl die genannten Teilprozesse die Qualität des Kristallisates erheblich beeinflussen, werden sie bisher in Arbeiten zur theoretischen Beschreibung des Kristallisationsprozesses nur wenig einbezogen.

2.3.3.1. OSTWALD-*Reifung*

Für ein polydisperses Kristallisat in einer gesättigten Lösung kann auf Grund der Löslichkeitsunterschiede verschieden großer Kristalle angenommen werden, daß die kleineren Teilchen sich auflösen und das Gelöste auf die größeren Kristalle aufwächst, obwohl streng isotherme Bedingungen vorliegen und die Übersättigungen analytisch nicht nachweisbar sind. Die theoretische Grundlage dafür bildet die Abhängigkeit des chemischen Potentials von der Oberfläche und die Tatsache, daß vom System ein Minimum der freien Oberflächenenergie des festen Materials angestrebt wird.

Der beschriebene Prozeß der Teilchenvergröberung wurde zuerst von OSTWALD [156] diskutiert und wird deshalb als OSTWALD-Reifung oder OSTWALD-Umlösung bezeichnet.

Die Triebkraft des Prozesses, die Differenz der Löslichkeiten zwischen kleinen und großen Teilchen, kann quantitativ mit Hilfe der GIBBS-THOMSON-Gleichung dargestellt werden. Sie lautet für den hier beschriebenen Sachverhalt:

$$\ln\left(\frac{c_r}{c_s}\right) = \frac{2\sigma v}{RTr} \tag{2–89}$$

v — Molvolumen des Feststoffes, c_r — Löslichkeit von kleinen Teilchen der Größe r, c_s — Gleichgewichtssättigung für große Teilchen ($r \to \infty$).

Findet die Reifung bei kleinen Übersättigungen statt, d. h. ist $c_r/c_s \sim 1$, erhält man näherungsweise

$$c_r - c_s \approx \frac{2\sigma v c_s}{RTr} \tag{2–90}$$

Ist der Stofftransport zwischen den Teilchen in der Suspension möglich und das Wachstum der größeren Kristalle diffusionsbestimmt, kann für die Änderung des Teilchenradius mit der Zeit geschrieben werden

$$\frac{\mathrm{d}r}{\mathrm{d}t} = \frac{Dv(c - c_r)}{r} \tag{2–91}$$

c — Volumenkonzentration der Lösung.

und in Verbindung mit Gl. (2–90)

$$\frac{\mathrm{d}r}{\mathrm{d}t} = \frac{Dv}{r}\left[(c - c_s) - \frac{2\sigma v c_s}{RTr}\right] \tag{2–92}$$

Im stationären Zustand $\left(\frac{\mathrm{d}r}{\mathrm{d}t} = 0\right)$ erhält man eine Beziehung für die Größe der Teilchen, die mit der Volumenkonzentration der Lösung im Gleichgewicht sind:

$$r = \frac{2\sigma v c_s}{RT(c - c_s)} \tag{2–93}$$

Alle Teilchen, die kleiner als r sind, lösen sich auf ($\mathrm{d}r/\mathrm{d}t < 0$), und alle größeren Kristalle werden wachsen ($\mathrm{d}r/\mathrm{d}t > 0$). Daraus ergibt sich, daß die Geschwindigkeit der Umlösung in großem Umfang von den Teilchengrößen und der Löslichkeit der Substanz abhängig ist, z. B. reifen kleine Kristalle eines mäßig löslichen Salzes (K_2SO_4, KCl) schneller als die eines fast unlöslichen Salzes ($BaSO_4$) bei gleichen Übersättigungsbedingungen.

Als Ausgangspunkt für eine graphische Darstellung wird zunächst die relative Übersättigung β des Systems verwendet, deren zeitlicher Verlauf $\beta = f(t)$ in Abb. 2–20a dargestellt ist.

$$\beta = \frac{c_t}{c_s} \tag{2–94}$$

$\beta = 1$ entspricht dabei der Gleichgewichtsbedingung. Wird in einem System eine Übersättigung aufgebaut, dann erreicht die Kurve zunächst im Punkt P_1 das Gleichgewicht und vergrößert sich dann bis zur Überlöslichkeitskurve (vgl. Kap. 2.2.). Hier tritt Keimbildung ein und die Übersättigung wird zunächst schnell abgebaut. Sodann geht das Wachstum der Keime auf Kosten der in der Lösung vorhandenen Übersättigung langsamer weiter. Eine Beziehung zwischen β und dem kritischen Radius der Teilchen im System ergibt sich aus der Gibbs-Thomson-Gleichung in der Form

$$r_k = \frac{2\sigma v}{RT \ln \beta} \tag{2–95}$$

Der zu dem in Abb. 2–20a dargestellten Verlauf der relativen Übersättigung übereinstimmende Gang des kritischen Radius $r_k(t)$ ist in Abb. 2–20b schematisch gezeigt. Wird die Sättigung der Lösung überschritten, nimmt der

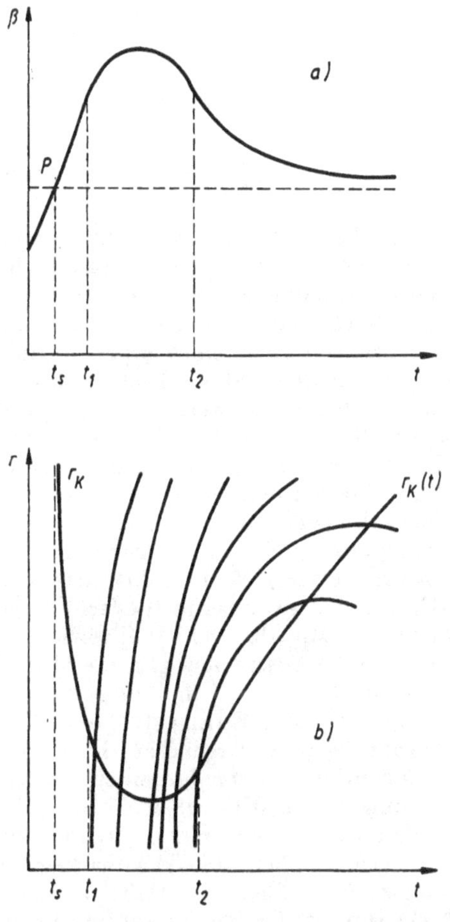

Abb. 2–20. Zeitabhängigkeit der relativen Übersättigung β (a) und des kritischen Radius r_K (b)

kritische Radius steil von unendlicher Größe bis zu kleinen Werten ab. Ein Minimum wird dort erhalten, wo die Übersättigung β am größten ist, d. h. an ihrem Maximum. Beginnen die Teilchen zu wachsen, verringert sich die Übersättigung und die Größe des Radius des kritischen Keimes geht wieder gegen Unendlich.

In Abb. 2–20b wurden auch entsprechende Wachstumskurven $r(t)$ eingezeichnet. Ihr Verlauf wird durch die Wachstumskinetik der Teilchen bestimmt, die im einfachsten Fall bei diffusionskontrolliertem Wachstum der folgenden Gleichung entspricht:

$$\frac{\mathrm{d}n}{\mathrm{d}t} = \frac{4\pi}{v} r^2 \frac{\mathrm{d}r}{\mathrm{d}t} \qquad (2\text{–}96)$$

Mit

$$\frac{\mathrm{d}r}{\mathrm{d}t} = \frac{Dv}{r}(c - c_s) \tag{2-97}$$

erhält man

$$\frac{\mathrm{d}n}{\mathrm{d}t} = 4\pi r D(c - c_s) \tag{2-98}$$

Die Wachstumsgeschwindigkeit jedes Teilchens ist außer von der eigenen Größe auch von der Zahl der in der Suspension vorhandenen Partikel abhängig. $c(t)$ wird deshalb von allen im System vorhandenen Teilchen bestimmt, in erster Linie von den ältesten und am größten gewachsenen. Sie kann deshalb schneller abnehmen als die Sättigungskonzentration c_s eines jüngeren und damit kleineren Teilchens. Das bedeutet, daß entsprechend Gl. (2–98) $\mathrm{d}n/\mathrm{d}t < 0$ werden würde. Damit löst sich die entsprechende Partikel wieder auf. Analoges könnte theoretisch für alle Teilchen abgeleitet werden, d. h., es würden — bis auf eine Ausnahme — alle in Abb. 2–20b eingezeichneten Wachstumskurven einmal die r_k-Kurve schneiden. Das ist gleichbedeutend mit einer Auflösung. Als Ergebnis würde theoretisch ein Einkristall resultieren.

Zur Problematik der OSTWALD-Umlösung gibt es eine Reihe grundlegender Arbeiten, so theoretische Betrachtungen von TODES [157, 158], LIFSHITZ und SLYZOV [159, 160] und WAGNER [161]. Ergebnisse experimenteller Untersuchungen wurden vor allem von KAHLWEIT u. Mitarb. [162—165] sowie von WINZER [168, 169] veröffentlicht. Mathematische Beschreibungen, die hauptsächlich auf den Theorien von BECKER und DÖRING [41] und VOLMER und WEBER [38] beruhen, wurden von KAMPMANN und KAHLWEIT [166, 167] publiziert. Diese Untersuchungen beschränken sich vorwiegend auf Fällungen schwer löslicher Stoffe ($BaSO_4$, $SrSO_4$). Erst in den letzten Jahren erschienen Arbeiten zum Problem der OSTWALD-Reifung an leicht löslichen Stoffen [170 bis 179] wie KCl, NaCl, $NaNO_3$ u. a. Von EMONS und WINZER wurde als Untersuchungsmethode vorzugsweise das Verfahren der radioaktiv markierten Atome verwendet. Zur Anwendung kamen: ^{22}Na, ^{42}K, ^{36}Cl. Dabei konnten durch unterschiedliche radioaktive Markierungen der Saatkristallfraktionen oder der Mutterlösung die zwei Teilschritte getrennt erfaßt werden, sowohl

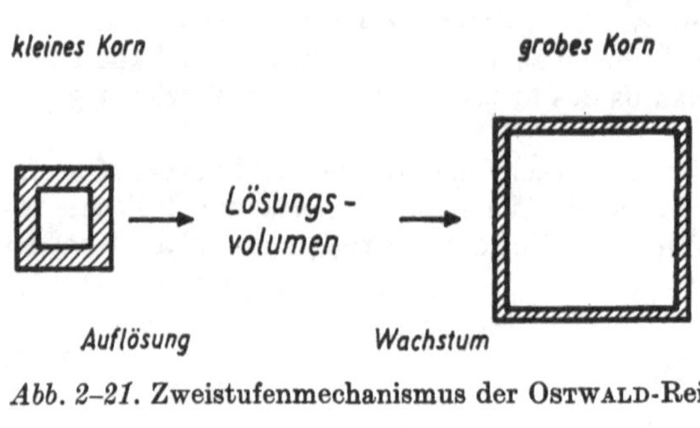

Abb. 2–21. Zweistufenmechanismus der OSTWALD-Reifung

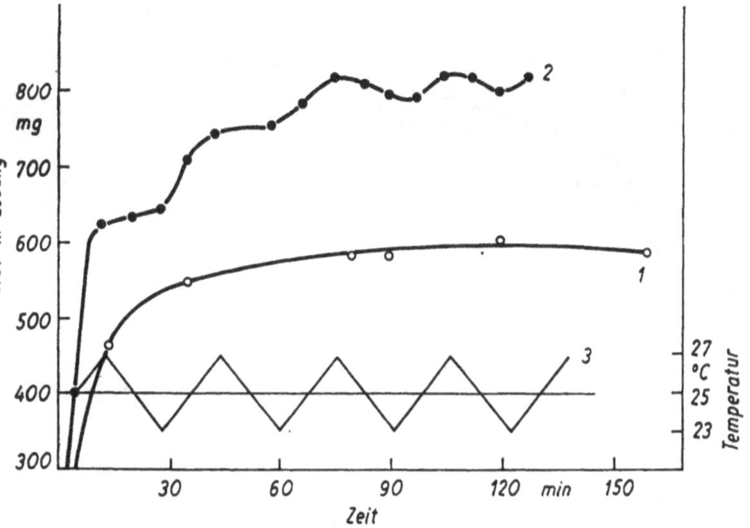

Abb. 2–22. Auflösung der kleinen ^{42}KCl-Kristalle während der OSTWALD-Reifung bei 25 °C (1 g ^{42}KCl ($< 63\ \mu m$) + 9 g KCl ($> 250\ \mu m$))
1 – isotherm; *2* – polytherm; *3* – Temperaturverlauf

die Auflösung der kleinen Kristalle als auch das Wachstum der großen. Abbildung 2–21 zeigt diese zwei Teilschritte schematisch. Die Schraffur deutet die umgelöste Stoffmenge an. In den Arbeiten wurden solche Einflußfaktoren, wie z. B. die Größenunterschiede in den Körnungen, die Suspensionsdichte, die Temperaturschwankungen, die Turbulenz in der Lösung, die Fremdstoffzusätze (gleich- oder fremdionig), die grenzflächenaktiven Stoffe sowohl bei isothermer als auch polythermer Reifung (Temperaturschwankungen zwischen festgesetzten Grenzen in reproduzierbaren Zeitabständen) untersucht. Abbildung 2–22 zeigt die in Lösung gehende KCl-Menge der kleinen Kornfraktion bei isothermer (Kurve *1*) und polythermer Umlösung (Kurve *2*) unter sonst analogen Bedingungen. Typisch ist der stufenförmige Verlauf der polythermen Umlösung. Der Temperaturverlauf wurde deshalb zum Vergleich mit eingezeichnet (Kurve *3*). Die Ergebnisse deuten darauf hin, daß durch die polytherme Behandlung die Umlösung beschleunigt wird. Ursache dafür dürfte die größere Lösegeschwindigkeit der kleinen Kornfraktion (größere Oberfläche) gegenüber der großen sein. Die Stufen werden erhalten, wenn die Temperatur erhöht und damit die Lösung untersättigt ist. Wird abgekühlt, erhält man ein Plateau, d. h., die Auflösung der kleinen radioaktiv markierten Teilchen wird unterbrochen. Die Menge an umgelöster Substanz verringert sich mit steigender Zahl an Temperaturamplituden. Nach etwa 60 Minuten tritt diese typische Stufenform nicht mehr auf, es werden Konzentrationsschwankungen sichtbar, deren Minima und Maxima nahezu identisch mit den

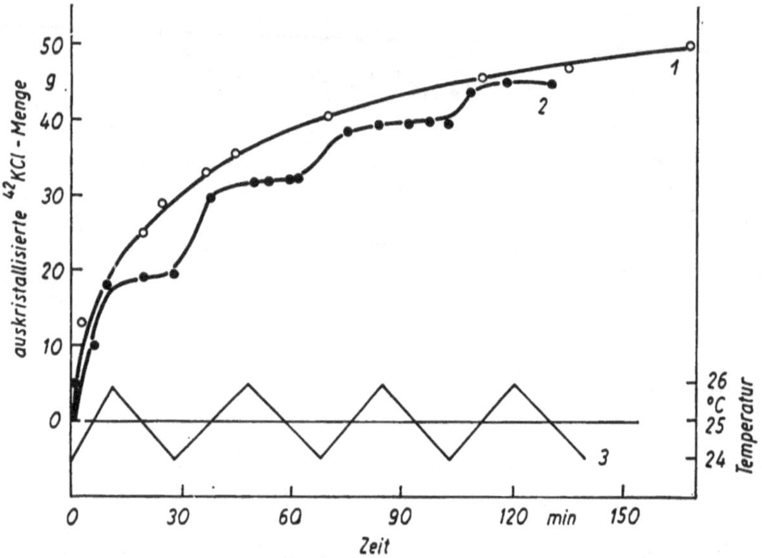

Abb. 2–23. Aus der Lösung kristallisierende ^{42}KCl-Menge während der OSTWALD-Reifung bei radioaktiver Markierung der Lösung bei 25 °C
(50 g KCl (63 bis 80 μm) + 50 g KCl (125 bis 160 μm))
1 – isotherm; *2* – polytherm; *3* – Temperaturverlauf

Temperaturschwankungen sind. Unter isothermen Bedingungen ist die im selben Zeitraum umgelöste KCl-Menge geringer. Es ist zu Beginn ein relativ starker Anstieg der Konzentrationskurve zu beobachten, nach etwa 20 Minuten ist die Hälfte der kleinen radioaktiv markierten Kristalle aufgelöst, und der weitere Anstieg der Konzentration ist gering.

In Abb. 2–23 ist der zweite Schritt, das Wachstum der großen Kristalle, erfaßt. Dazu wurde die gesättigte KCl-Lösung mit ^{42}KCl markiert und die Abnahme der Aktivität, die gleichzusetzen ist mit der auskristallisierten KCl-Menge, verfolgt. Kurve *1* zeigt den Wachstumsprozeß unter isothermen, Kurve *2* unter polythermen Bedingungen. Zum Vergleich wurde der Temperaturverlauf in Kurve *3* dargestellt. Für den polythermen Vorgang ergibt sich wieder der durch die Temperaturschwankungen bedingte stufenförmige Verlauf. Mit einer gewissen zeitlichen Verzögerung wird bei Temperaturerniedrigung — Erzeugung einer Übersättigung der Lösung — eine größere Menge KCl kristallisieren, d. h., die großen Kristalle werden wachsen. Wird die Temperatur erhöht — Erzeugung einer Untersättigung —, lösen sich bevorzugt die kleinen Kristalle auf, die Aktivität der Lösung bleibt deshalb angenähert konstant, und das Wachstum der großen Kristalle wird unterbrochen (Ausbildung eines Plateaus). Mit der Erhöhung der Zahl der Temperatur-

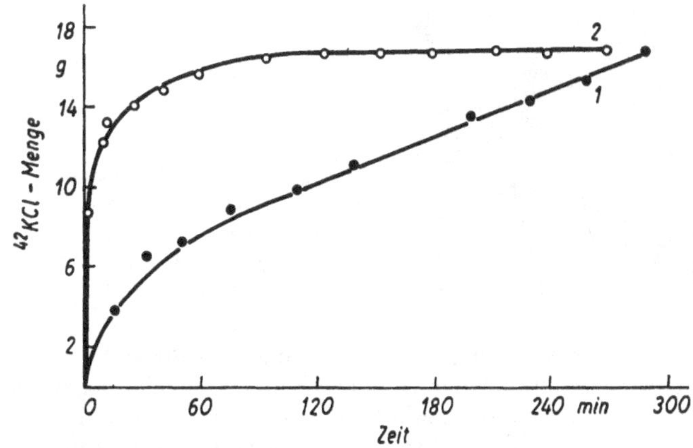

Abb. 2–24. Zeitabhängigkeit der Auflösung und des Wachstums während der OSTWALD-Reifung des KCl bei 21 °C
(30 g KCl (80 bis 100 μm) + 30 g KCl (200 bis 250 μm))
1 — Wachstum; *2* — Auflösung

schwankungen sind die Stufen weniger ausgeprägt, und die auskristallisierten KCl-Mengen nähern sich einander an.

Der zeitliche Verlauf der beiden Teilschritte, die Auflösung und die Kristallisation, ist in Abb. 2–24 dargestellt. Während die Auflösung der kleinen Teilchen am Versuchsbeginn relativ schnell erfolgt und dann nur noch allmählich weitergeht, wachsen die großen Kristalle relativ gleichmäßig. Nur am Anfang findet schnelles Wachstum statt. Die aufgelösten und auskristallisierten KCl-Mengen nähern sich nach langer Versuchsdauer an.

Welche Veränderungen die Kornform des Kaliumchlorids erfährt, deuten die in den Abb. 2–25, 2–26 und 2–27 gezeigten rasterelektronenmikroskopischen Aufnahmen an. Abbildung 2–25 zeigt das Ausgangsmaterial vor Beginn der Versuche, Abb. 2–26 das Produkt nach 2 Stunden isothermer und Abb. 2–27 nach 2 Stunden polythermer OSTWALD-Umlösung. Eine polytherme Wechsel-

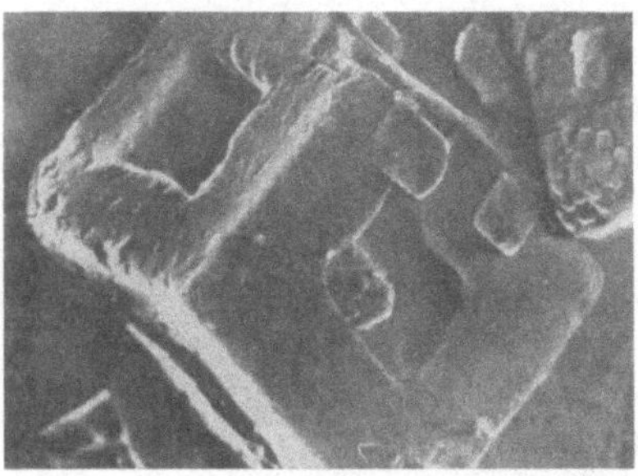

Abb. 2–25. Rasterelektronenmikroskopische Aufnahme des KCl-Ausgangsmaterials der Fraktion 125 μm — 160 μm (250fache Vergrößerung)

Abb. 2–26. Rasterelektronenmikroskopische Aufnahme des KCl nach 3 Minuten isothermer OSTWALD-Reifung (250fache Vergrößerung)

behandlung technischer Produkte würde demnach eine erhebliche Verbesserung der Qualität (Streufähigkeit, Abriebfestigkeit, Rieselfähigkeit) bedeuten. Für den technologischen Prozeß sollten deshalb möglichst lange Verweilzeiten des polydispersen Produktes im Kristallisator garantiert und eine günstige Raum-Zeit-Ausbeute gesichert sein.

Abb. 2–27. Rasterelektronenmikroskopische Aufnahme des KCl nach 2 Stunden polythermer OSTWALD-Reifung (250fache Vergrößerung)

2.3.3.2. Agglomeration

Die sogenannten „klassischen" Theorien von Kristallkeimbildung und Wachstum enthalten eine Reihe von Vereinfachungen, die nicht immer die notwendigen Schlußfolgerungen auf weniger idealisierte Kristallisationsprozesse zulassen. So setzen die Oberflächenenergie-, Adsorptions- und Diffusionstheorien einen regelmäßigen Gitteraufbau und den monomolekularen Aufbau von Netzebenen des wachsenden Kristalles voraus. Röntgenographische Untersuchungen von VON LAUE [180] und eine Reihe mikroskopischer Betrachtungen von technischen Kristallisaten verstärkten die Ansicht, daß es sich nicht um Kristalle idealer Struktur handelt, sondern um „Verwachsungskonglomerate" mit realer Struktur, d. h. Realkristalle oder mehr oder weniger kristallographisch geordnete kolloidale Aggregate. Für den Prozeß der technischen Massenkristallisation ist der Begriff Agglomeration für den Teilprozeß der Entstehung von Agglomeraten im Produkt gebräuchlich. Man versteht dar-

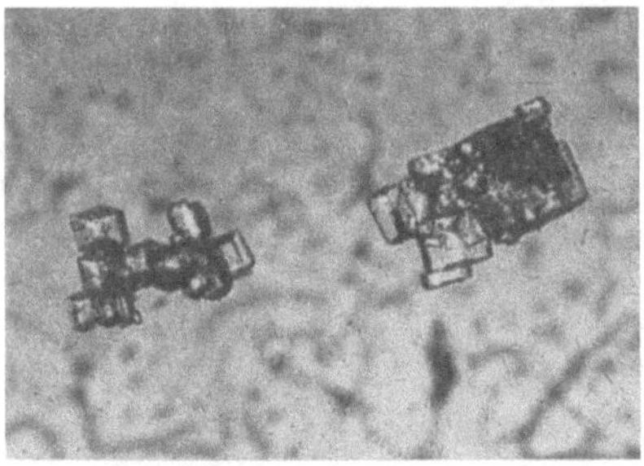

Abb. 2–28. Agglomerate eines KCl-Kristallisates (100fache Vergrößerung)

unter die Zusammenlagerung von wenigstens zwei Teilchen gleicher oder verschiedener Größe zu einem Korngebilde ohne Einwirkung äußerer Kräfte, wie Druck, Schlag usw., die in einer Suspension erfolgen soll. Die Agglomerate bestehen aus den Flächen und Kanten von mehr oder weniger orientiert zusammengewachsenen Elementarkristallen. Abbildung 2–28 zeigt ein hauptsächlich aus Agglomeraten bestehendes KCl-Kristallisat. Analoge Produktformen wurden auch an anderen technischen Produkten, wie K_2SO_4 [155], $NaHCO_3$ [181, 182], $Al_2O_3 \cdot nH_2O$ [183] oder $BaSO_4$ [184], beobachtet, die bis zu 30% aus Agglomeraten bestanden [155].

Die Theorie von Balarew [185] über den „dispersen Bau der festen Systeme" erklärt diese Beobachtungen. Alle Unvollkommenheiten im Kristallaufbau resultieren aus der sich zwangsläufig entwickelnden Gleichgewichtseinstellung innerhalb eines Realsystems. Den Realkristallen werden drei kontinuierlich ineinander übergehende Bestandteile zugeordnet:

1. Elementarteilchen,
2. feste Bindungen,
3. Adsorptionsschichten.

Die Elementarteilchen stellen einen kristallinen, aber nicht vollkommen idealen Teil dar. Im Verlaufe der Kristallisation entstehen dann zwischen den „Elementarteilchen" die „festen Bindungen", die äußerst kleine Dimensionen haben und teilweise kristallinen, amorphen oder kolloidalen Charakter tragen. Die „Adsorptionsschichten" teilt Balarew in mehrmolekulare „äußere" Adsorptionsschichten, die sich relativ leicht verändern lassen und in „innere" Adsorptionsschichten, die den Kristallaufbau beeinflussen. Die Bildung und das Wachstum von Realkristallen (Agglomerate) beschreibt Balarew wie folgt:

Die Keimbildung aus der Übersättigung der Lösung entspricht den Anschauungen der „klassischen" Theorie. Das Wachstum erfolgt jedoch nicht durch Einbau einzelner Ionen in zweidimensionalen Netzebenen, sondern es wachsen ganze Moleküle bzw. Molekülgruppen, die die Größe von Keimen oder Elementarteilchen haben können, auf. Das entspricht dem Koagulationsprinzip kolloidaler Systeme.

Die Anziehungskräfte zwischen den Teilchen sind um so größer, je größer die Grenzfläche ist, entlang derer sich die Teilchen berühren. Dieser wirken die Trennkräfte durch Be-

wegung und Schwerkraft entgegen. Daraus folgt, daß es bei „mittleren" Korngrößen ein Maximum der Wirkung dieser Kräfte hinsichtlich der Kornvergröberung geben muß. Durch die Summe von Anziehungs-, Kristallisations- und Orientierungskräften, deren Aktionsradius bedeutend größer ist als die linearen Dimensionen der Elementarteilchen und nach Überwindung eines bestimmten Schwellenwertes an Widerständen, können sich die Elementarteilchen sprungweise aneinanderlagern und sich mehr oder weniger gut orientieren. Im sich anschließenden „Alterungsprozeß" wird die Orientierung der „Elementarteilchen" zueinander verbessert, die feinbauliche Zusammensetzung der drei Bestandteile ausgeglichen und die „festen Bindungen" verstärkt und „verhärtet".

Ein Mangel dieser Theorie besteht darin, daß ein Ansatz zu empirischer oder theoretischer Modellierung des Agglomerationsprozesses fehlt; einige im Prozeß der Massenkristallisation auftretende Probleme lassen sich jedoch gut interpretieren.

Sakamoto, Kenehara und Matsushita [183] stellten in neuerer Zeit ein Modell für die Agglomeration während der Fällung von $Al_2O_3 \cdot n\,H_2O$ mit Saatkornzuführung auf und bezeichnen den Vorgang als „Kristallisationsagglomeration". Nach diesem Modell kollidieren die in der Lösung bewegten Teilchen miteinander. Einige bilden eine lose zusammengeballte Masse, wie sie in kolloidalen Systemen auf der Grundlage physikalischer Flockung beobachtet wird. Durch Scherkräfte und Stöße zerfallen einige dieser losen Flocken in ihre Ausgangsteilchen, andere verändern sich zu festen agglomerierten Massen, wenn vor dem Zerfall an den Kontaktstellen eine Kristallisation der Substanz erfolgt, die die Rolle von „Kitt" oder „Zement" übernimmt.

Die Autoren konnten feststellen, daß die Agglomeration in großem Maße von der Kristallisationsgeschwindigkeit in der Lösung abhängt, die die Geschwindigkeit und die Kittsubstanzmasse A, die pro Zeiteinheit zur Verfügung steht, bestimmt.

$$A = \frac{\mathrm{d}\alpha}{\mathrm{d}t} = -K \cdot \alpha^2 \tag{2–99}$$

$$\alpha = (c_t - c_s)/(c_0 - c_s) \tag{2–100}$$

Ein weiterer wichtiger Faktor ist die Menge an Substanz B, die zur Verkittung der losen Flocken benötigt wird.

$$B = \frac{m_0 + m_t}{m_0 + m_\infty} \tag{2–101}$$

$$m_t = m_\infty(1 - \alpha) \tag{2–102}$$

t — Kristallisationszeit, α — dimensionsloser Übersättigungswert der Substanz in der Lösung, c_t — Konzentration der Substanz in der Lösung nach t Stunden, c_s — Gleichgewichtssättigung der Substanz, m_0 — Anfangsmasse der Saatkristalle, m_t — ausgefallene Masse nach t Stunden.

Die Agglomerationsgeschwindigkeit wird durch das Verhältnis von A/B ausgedrückt.

$$A/B \equiv P = -\frac{\mathrm{d}\alpha}{\mathrm{d}t}\Big/\frac{m_0 + m_t}{m_0 + m_\infty} = \frac{K \cdot \alpha^2(m_t + m_\infty)}{m_0 + m_\infty(1 - \alpha)} \tag{2–103}$$

Mit diesen Betrachtungen ist es möglich, die Agglomeration in Kristallisationsgleichungen einzubeziehen. Sie sind jedoch derzeitig auf die Fällungskristallisation mit isothermen Bedingungen und keinen gleichmäßig über längere Zeiten aufgebauten Übersättigungen beschränkt. Kühlungs- oder Verdampfungskristallisation lassen sich damit nicht beschreiben.

Strel'zov u. a. [186] gehen bei der Beschreibung der technischen Kristallisation von $K_2Cr_2O_7$ und KNO_3 neben Keimbildung und Wachstum auch von der Annahme aus, daß Agglomeration vor allem bei Anwesenheit von viel Feinkorn auftritt. Zur Beurteilung des Agglomerationsprozesses wird das Mc Cabesche ΔL-Gesetz zugrunde gelegt, das die Unabhängigkeit der Wachstumsgeschwindigkeit von der Kristallgröße und -fläche voraussetzt. Tritt Agglomeration ein, nimmt die Kristallgröße schneller zu, als durch einfaches Kristallwachstum erwartet werden kann. Ähnliche Ergebnisse wurden bei der Kühlungskristallisation von KCl mit Saatkornzufuhr (50—63 µm) erhalten [191] (Abb. 2–29). Bei einer Suspensionsdichte von 100 g KCl/*l* gesättigte KCl-Lösung werden während der Kühlung der Lösung von 50 °C auf 25 °C Kornvergröberungen von etwa 100% erreicht (Kurve *1*). Würde man annehmen, daß die während des gesamten Kühlungsprozesses ausfallende Substanz gleichmäßig auf die Kristalle aufwächst, erhält man den in Kurve *2* dargestellten Verlauf. Der Durchmesser der Kristalle würde sich dabei um etwa 14% vergrößern. Abbildung 2–30 zeigt die im Verlauf des Versuches verringerten Teilchenzahlen (aus mikroskopischen Analysen ermittelt) für Versuche mit gleichen Einsatzkorngrößen und -massen, aber verschiedenen linearen Abkühlgeschwindigkeiten.

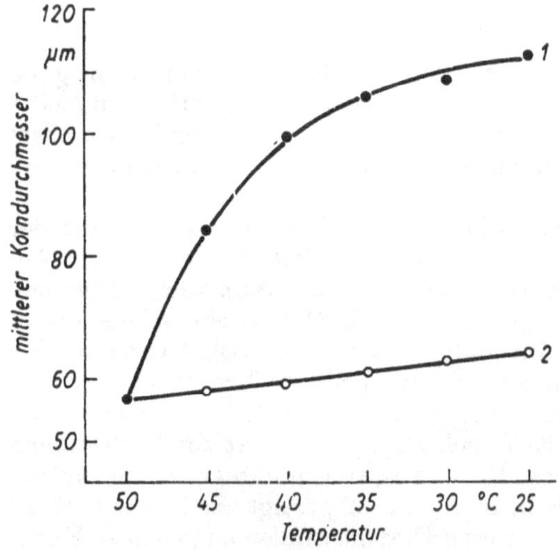

Abb. 2–29. Vergleich der theoretischen und experimentell ermittelten mittleren Korndurchmesser während der Kühlungskristallisation von KCl

1 — experimentelle Ergebnisse; *2* — berechnete Werte

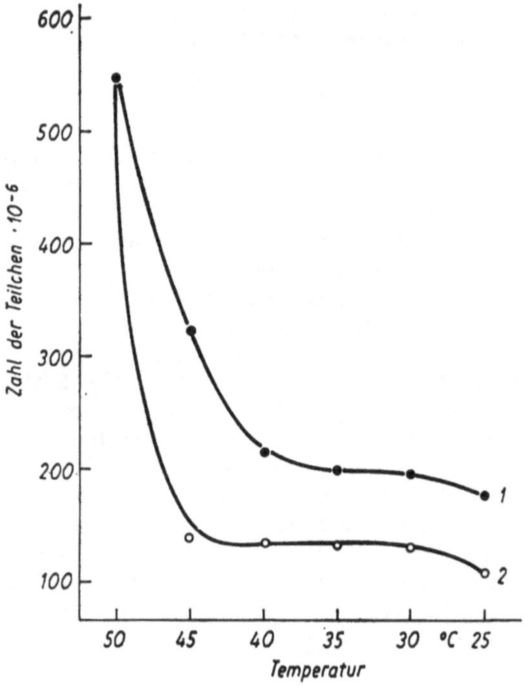

Abb. 2–30. Veränderung der Teilchenzahl während der Kühlungskristallisation von KCl mit 100 g/*l* Saatkristallzugabe der Fraktion 50–63 μm
1 – Abkühlgeschwindigkeit 75 K/h;
2 – Abkühlgeschwindigkeit 20 K/h

Aus den experimentellen Ergebnissen folgt, daß die Agglomerationsneigung mit steigender Übersättigung in der Lösung, steigender Temperatur, sinkender Rührgeschwindigkeit, Verringerung der Zusätze in der Lösung und steigendem Feststoffgehalt zunächst bis zu einem Maximum zunimmt, um dann wieder abzunehmen.

Winzer, Emons und Dettmann [176, 179, 187] versuchten mit Hilfe der Markierung mit radioaktiven Isotopen (^{42}K), den Verbleib der bei der Abkühlung auskristallisierenden Substanz durch autoradiographische Aufnahmen der KCl-Körnerkollektive zu erfassen. Abbildung 2–31 zeigt eine solche mikrophotographische Aufnahme eines Autoradiogrammes von KCl. An den um den Körnern vorhandenen Schwärzungen ist das gleichmäßige Wachstum der Saatkristalle während des Kühlungsprozesses sichtbar. Tritt Agglomeration auf, dann trägt das ausgefallene KCl auch als Kittsubstanz zur Verfestigung der Kornverbände bei. Die durch Rasterelektronenmikroskopie ermittelte Feinstruktur solcher Agglomerate ist in Abb. 2–32 gezeigt. Es ist deutlich zu erkennen, daß es sich um ein aus mehreren Einzelkristallen aufgebautes Korngebilde handelt. Die kleinen Kristalle auf der Oberfläche der großen könnten jedoch auch durch Sekundärkeimbildung während des Kristallisationsvorganges entstanden sein.

Autoradiographische und rasterelektronenmikroskopische Untersuchungen liefern einen entscheidenden Beitrag zur Aufklärung des Aufbaues, der inneren Struktur, der Form und der Oberfläche der festen Aggregate und zu der Frage, wie und wo die einzelnen Kristalle sich im Verlauf der Kristallisation bevorzugt aneinanderlagern.

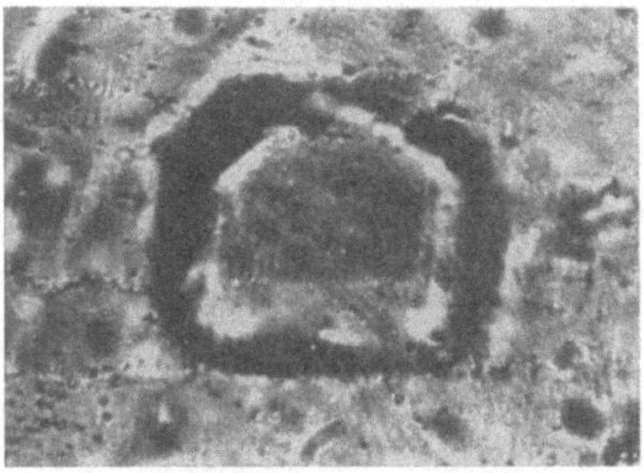

Abb. 2–31. Mikrophotographische Aufnahme eines Autoradiogrammes von KCl (200fache Vergrößerung)

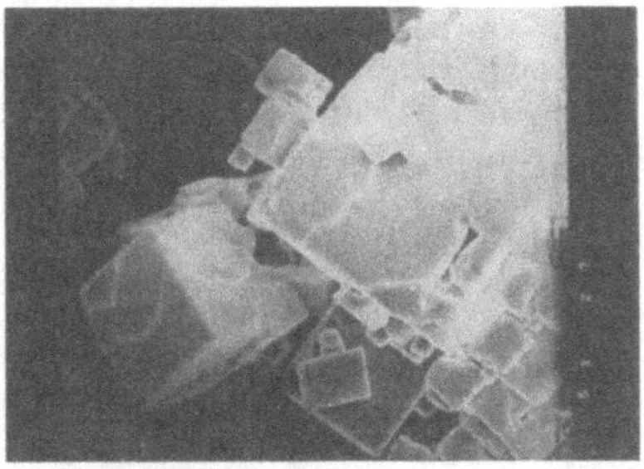

Abb. 2–32. Rasterelektronenmikroskopische Aufnahme eines KCl-Agglomerates (250fache Vergrößerung)

2.3.3.3. Rekristallisation

An einem technischen Kristallisationsprodukt können nach der Trennung von Kristallisat und Mutterlauge weitere Veränderungen eintreten, die wir unter dem Begriff Rekristallisation zusammenfassen. Darunter ist bei Betrachtung der technischen Massenkristallisation aus Lösungen das Auskristallisieren von Substanz aus Lösungsmitteleinschlüssen oder aus den Kristallen anhaftender Lösung auf Grund sich verändernder Umweltbedingungen, wie schwankende Lagerungstemperaturen, hohe oder niedrige Luftfeuchtigkeit (Hygroskopizität der Stoffe), zu verstehen.

Die Rekristallisation stellt die Ursache für das Zusammenbacken von Kristallisaten während Filtration, Trocknung, Lagerung und Transports der Produkte dar.

Literatur

[1] „*Statistisches Jahrbuch der DDR 1979*“, Staatsverlag der DDR, Berlin 1980
[2] Die Wirtschaft, Jahrgang 1979/80
[3] Matz, G.: „*Kristallisation, Grundlagen und Technik*“, Springer-Verlag, Berlin—Heidelberg—New York 1969
[4] Diels, K.; Jaeckel, R.: „*Leybold Vakuum-Taschenbuch*“, Springer-Verlag, Berlin—Göttingen—Heidelberg 1962
[5] Autorenkollektiv: Symposium über Zonenschmelzen und Kolonnenkristallisation, Karlsruhe 1963

[6] WILKE, K.-TH.: „*Kristallzüchtung*“, VEB Deutscher Verlag der Wissenschaften, Berlin 1973

[7] „ULLMANNS *Enzyklopädie der technischen Chemie*“, Band 10, S. 796, Verlag Urban und Schwarzenberg, München—Berlin 1958

[8] KLEBER, W.: „*Einführung in die Kristallographie*“, VEB Verlag Technik, Berlin 1956

[9] SMEKAL, A.: „*Handbuch der Physik*“, 24, Berlin 1933

[10] Autorenkollektiv: „*Technische Anorganische Chemie*“, S. 73, VEB Deutscher Verlag für Grundstoffindustrie, Leipzig 1978

[11] VAN BUEREN, H. G.: “*Imperfections in Crystals*”, North-Holland Publishing Company, Amsterdam 1960

[12] KLEBER, W.: „*Einführung in die Kristallographie*“, VEB Verlag Technik, Berlin 1977

[13] MEYER, K.: „*Physikalisch-chemische Kristallographie*“, VEB Deutscher Verlag für Grundstoffindustrie, Leipzig 1968

[14] HONIGMANN, B.: „*Gleichgewichts- und Wachstumsformen von Kristallen*“, Dr. Dietrich Steinkopff Verlag, Darmstadt 1958

[15] VOLMER, M.: „*Kinetik der Phasenbildung*“, Verlag Theodor Steinkopff, Dresden—Leipzig 1939

[16] FINDLAY, A.: „*Die Phasenregel und ihre Anwendung*“, Verlag Chemie, Weinheim/Bergstraße 1958

[17] VOGEL, R.: „*Die heterogenen Gleichgewichte*“, Akademische Verlagsgesellschaft Geest und Portig, Leipzig 1959

[18] NYVLT, J.: “*Industrial Crystallization from Solutions*”, Butterworths, London 1970

[19] NYVLT, J.: “*Solid-liquid phase equilibria*”, Academy of Sciences, Praha 1977

[20] LÖWENHERZ, R.: Z. Phys. Chem. **13** (1894), 459

[21] SCHREINEMAKERS, F. A. H.: Z. Phys. Chem. **69** (1909), 557

[22] JÄNECKE, E.: Z. Anorg. Allg. Chem. **51** (1906), 132; ibid. **71** (1911), 1

[23] MIERS, H. A.: Phil. Trans. Roy. Soc. London, Ser. A **202** (1904), 459

[24] MIERS, H. A.; ISAAC, F.: J. Chem. Soc. **89** (1906), 413

[25] MIERS, H. A.; ISAAC, F.: Proc. Roy. Soc. London, Ser. A **79** (1907), 322

[26] MIERS, H. A.: J. Inst. Metals **37** (1927) 331

[27] OSTWALD, W.: Z. Physik. Chem. (Leipzig) **22** (1897), 289

[28] OSTWALD, W.: Z. Physik. Chem. (Leipzig) **34** (1900), 493

[29] SÖHNEL, O.; BROUL, M.; CIPOVA, H.: Chem. Prumysl **26** (1976) 4, 178

[30] MC CABE, W. L.; HSÜ HUAI TING: Ind. Eng. Chem. **26** (1934), 1201

[31] SYNOWIEC, J.: Kristall und Technik **8** (1973), 701

[32] SYNOWIEC, J.: Internationaler Kongreß „CHISA '72“ (I-2.7), Usti nad Labem 1972

[33] LANDOLT/BÖRNSTEIN: „*Lösungsgleichgewichte*“, Teil 2, Bandteil B, Springer-Verlag, Berlin—Göttingen—Heidelberg 1962

[34] POWERS, H. E. C.: Ind. Chemist **39** (1963), 351

[35] MELIA, T. P.; MOFFITT, W. P.: Ind. Eng. Chem., Fundamentals **3** (1964), 313

[36] MULLIN, J. W.: “*Crystallization*”, Butterworths, London 1972

[37] LEBEDENKO, JU. P.: „*Kristallisazija is rastworow v chimitscheskoj promyshlennosti*“, Chimija, Leningrad 1973

[38] VOLMER, M.; WEBER, A.: Z. Physik. Chem. (Leipzig) **119** (1926), 277

[39] FARKAS, L.: Z. Physik. Chem. (Leipzig) **125** (1927), 236

[40] STRANSKI, J. N.; KAISCHEW, R.: Z. Krist. **78** (1931), 373

[41] BECKER, R.; DÖRING, W.: Ann. Phys. **24** (1935), 732

[42] KHAMSKII, E. V.: "*Crystallisation from Solutions*", Consultants Bureau, New York 1969

[43] NIELSEN, A. E.: "*Kinetics of Precipitation*", Pergamon Press, Oxford 1964

[44] CHRISTIANSEN, J. A. C.; NIELSEN, A. E.: Acta Chem. Scand. **5** (1951), 673

[45] ESTRIN, J.: "*Secondary Nucleation*" in: "*Preparation and Properties of Solid State Materials*", Marcel Decker, New York

[46] DENK, E. G.; BOTSARIS, G. D.: J. Crystal Growth **13/14** (1972), 493

[47] EVANS, T. W.; SAROFIM, A. F.; MARGOLIS, G.: AIChE J. **20** (1974), 950, 959

[48] MELIA, T. P.; MOFFITT, W. P.: J. Colloid Sci. **19** (1964), 433

[49] CLONTZ, N. A.; MC CABE, W. L.: Chem. Eng. Progr., Symp. Ser. **67** (1971) ***110***, 6

[50] POWERS, H. E. C.: Nature **178** (1956), 139

[51] POWERS, H. E. C.: Chem. Ind. **14** (1962), 627

[52] GARTEN, V. A.; HEAD, R. B.: J. Crystal Growth **6** (1970), 349

[53] BOTSARIS, G. D.; DENK, E. G.; CHUA, J.: AIChE Symp. Ser. **68** (1972) ***121***, 21

[54] MULLIN, J. W.; LECI, C. L.: AIChE Symp. Ser. **68** (1972) ***121***, 8

[55] ROGACHEWA, E. D.; BELYUSTIN, A. V.; VYATKINA, T. K.; KHRENOVA, N. M.: Sov. Phys. Crystallogr. **17** (1972), 378

[56] SAROTOVKIN, D. D.: "*Dendrite Crystallisation*", Consultants Bureau Inc., New York 1959

[57] SUNG, C. Y.; ESTRIN, J.; YOUNGQUIST, G. R.: AIChE J. **19** (1973), 957

[58] LAL, D. P.; MASON, R. E. A.; STRICKLAND-CONSTABLE, R. F.: J. Crystal Growth **5** (1969), 1

[59] GARABEDIAN, H.; STRICKLAND-CONSTABLE, R. F.: J. Crystal Growth **13/14** (1972), 506

[60] GARABEDIAN, H.; STRICKLAND-CONSTABLE, R. F.: J. Crystal Growth **22** (1974), 188

[61] JOHNSON, R. T.; ROUSSEAU, R. W.; MC CABE, W. L.: AIChE Symp. Ser. **68** (1972) ***121***, 31

[62] RANDOLPH, A. D.; CISE, M. D.: AIChE J. **18** (1972), 798

[63] RANDOLPH, A. D.; LARSON, M. A.: AIChE J. **8** (1962), 639

[64] RANDOLPH, A. D.; SIKDAR, S. K.: AIChE J. **20** (1974), 410

[65] SHAH, B. C.; MC CABE, W. L.; ROUSSEAU, R. W.: AIChE J. **19** (1973), 957

[66] BOTSARIS, G. D.: Internationaler Kongreß „CHISA '72" (I-3.4), Usti nad Labem 1972

[67] YOUNGQUIST, G. R.; RANDOLPH, A. D.: AIChE J. **18** (1972), 421

[68] CAYEY, N. W.; ESTRIN, J.: Ind. Eng. Chem., Fundamentals **6** (1967), 13

[69] BAUER, L. G.; LARSON, M. A.; DALLONS, V. J.: Chem. Eng. Sci. **29** (1974), 1253

[70] LARSON, M. A.; TIMM, D. C.; WOLFF, P. R.: AIChE J. **14** (1968), 488

[71] DESAI, R. M.; RACHOW, I. W.; TIMM, D. C.: AIChE J. **20** (1974), 43

[72] OTTENS, E. P. K.; JANSE, A. H.; DE YONG, E. J.: J. Crystal Growth **13/14** (1972), 500

[73] OTTENS, E. P. K.; DE YONG, E. J.: Ind. Eng. Chem., Fundamentals **12** (1973), 179

[74] FASOLI, U.; CONTI, R.: Kristall und Technik **8** (1973), 931

[75] SHOR, S. M.; LARSON, M. A.: Chem. Eng. Progr., Symp. Ser. **67** (1971) ***110***, 32

[76] FASOLI, U.; CONTI, R. in: MULLIN, J. W., "*Industrial Crystallization*", S. 77, Plenum Press, New York—London 1976

[77] BUJAC, P. D. B. in: MULLIN, J. W., "*Industrial Crystallization*", S. 23, Plenum Press, New York—London 1976

[78] BOTSARIS, G. D. in: MULLIN, J. W., "*Industrial Crystallization*", S. 3, Plenum Press, New York—London 1976
[79] STRICKLAND-CONSTABLE, R. F. in: MULLIN, J. W., "*Industrial Crystallization*", S. 33, Plenum Press, New York—London 1976
[80] TOYAKURA, K.; YAMAZOE, K.; MOGI, Y.; YAGO, N.; AOYAMA, Y. in: MULLIN, J. W., "*Industrial Crystallization*", S. 41, Plenum Press, New York—London 1976
[81] VAN'T LAND, C. M.; WIENK, B. G. in: MULLIN, J. W., "*Industrial Crystallization*", S. 51, Plenum Press, New York—London 1976
[82] ESTRIN, J.; YOUNGQUIST, G. R. in: MULLIN, J. W., "*Industrial Crystallization*", S. 61, Plenum Press, New York—London 1976
[83] OKUDA, S. in: MULLIN, J. W., "*Industrial Crystallization*", S. 67, Plenum Press, New York—London 1976
[84] FRENKEL, J.: „*Kinetische Theorie der Flüssigkeiten*", VEB Deutscher Verlag der Wissenschaften, Berlin 1957
[85] STRICKLAND-CONSTABLE, R. F.: "*Kinetics and Mechanism of Crystallization*", Academic Press, London—New York, 1968
[86] MASON, R. E.; STRICKLAND-CONSTABLE, R. F.: Trans. Faraday Soc. **62** (1966), 455
[87] MC CABE, W. L.; STEVENS, R. P.: Chem. Eng. Progr. **47** (1951), 168
[88] GYULAI, Z.: Z. Physik **125** (1948), 1
[89] TING, H. H.; MC CABE, W. L.: Ind. Eng. Chem. **26** (1934), 1207
[90] POWERS, H. E. C.: Ind. Chemist **39** (1963), 351
[91] CHRETIEN, A.; HEUBEL, J.: Compt. Rend. **239** (1954), 814
[92] CHRETIEN, A.; HEUBEL, J.: Compt. Rend. **242** (1956), 2837
[93] HEUBEL, J.; DE VRAINE, P.: Compt. Rend. **252** (1961), 1158
[94] HEUBEL, J.; DE VRAINE, P.: Compt. Rend. **254** (1962), 290
[95] HEUBEL, J.; DE VRAINE, P.: Compt. Rend. **256** (1963), 2393
[96] GINDT, R.; KERN, R.: Ber. Bunsenges. Phys. Chem. **69** (1965), 124
[97] GINDT, R.; KERN, R.: Ber. Bunsenges. Phys. Chem. **72** (1968), 460
[98] MITSUDA, H.; MIYAKE, K.; NAKAI, T.: Ind. Eng. Chem. 8 (1968), 733
[99] BELYSTIN, A. V.; ROGACHEVA, E. D., in: SHUBNIKOV, A. V.; SHEFTAL, N. N.: Growth of Crystals (Symp. Proc.) **4** (1966), 3
[100] AYERST, R. P.; PHILLIPS, M. L., in: "*Industrial Crystallization*" (Symp. Proc.), S. 56, London 1969
[101] BOTSARIS, G. D.; SUTWALA, G.; MOLINÀ-DE-LONGORIA, G.: AIChE Symp. Ser. **68** (1972) *121*, 21
[102] KLIYA, M. O.: Sov. Phys. Crystallogr. **1** (1956), 456
[103] BENNETT, R. G.; FIEDELMANN, H.; RANDOLPH, A. D.: Chem. Eng. Progr. **69** (1973), 86
[104] DENK, E. G.; BOTSARIS, G. D.: J. Crystal Growth **15** (1972), 57
[105] MASON, R. E. A.; STRICKLAND-CONSTABLE, R. F.: Nature (London) **197** (1963), 987
[106] GIBBS, J. W.: Thermodyn. Studien, Leipzig 1878
[107] CURIE, P.: Bull. Soc. minéralog. France 8 (1885), 145
[108] NOYES, A. A.; WHITNEY, W. R.: Z. Physik. Chem. **23** (1896), 689
[109] NERNST, W.: Z. Physik. Chem. **47** (1909), 470
[110] NERNST, W.: Z. Physik. Chem. **68** (1909), 104
[111] NERNST, W.: Z. Physik. Chem. **73** (1910), 685
[112] BRANDES, H.: Z. Physik. Chem. **126** (1927), 196

[113] STRANSKI, J. N.: Z. Physik. Chem. A **136** (1928), 259
[114] KOSSEL, W.: Ann. Physik **21** (1934), 457
[115] FRANK, F. C.: Discussions Faraday Soc. **5** (1949), 48
[116] BURTON, W. K.; CABRERA, N.; FRANK, F. C.: Phil. Trans. Roy. Soc. (London), Ser. A **243** (1951), 299
[117] CHERNOV, A. A.: Soviet Phys. Usp. **4** (1961), 116
[118] BENNEMA, P.; HANEVELD, H. B. K.: J. Crystal Growth **1** (1967), 225
[119] BENNEMA, P.; HANEVELD, H. B. K.: J. Crystal Growth **1** (1967), 232
[120] BENNEMA, P.: J. Crystal Growth **1** (1967), 278
[121] BENNEMA, P.: J. Crystal Growth **1** (1967), 287
[122] BENNEMA, P.: J. Crystal Growth **3/4** (1968), 331
[123] BENNEMA, P.: J. Crystal Growth **5** (1969), 29
[124] GILMER, G. H.; GHEZ, R.; CABRERA, N.: J. Crystal Growth **8** (1971), 79
[125] WULFF, G.: Z. Krist. **34** (1901), 449
[126] NYVLT, J.: "*Industrial Crystallization from Solution*", Butterworths, London 1970
[127] RUMFORD, F.; BAIN, J.: Trans. Inst. Chem. Engrs. (London) **38** (1960), 10
[128] WAGNER, G. L.: Z. Physik. Chem. **71** (1910), 401
[129] WILHELM, R. H.; CONKLIN, L. H.; SAUER, T. C.: Ind. Eng. Chem. **33** (1941), 453
[130] MARC, R.: Z. Physik. Chem. **61** (1908), 385
[131] MARC, R.: Z. Physik. Chem. **67** (1909), 470
[132] MARC, R.; WENK, W.: Z. Physik. Chem. **68** (1909), 104
[133] MARC, R.; WENK, W.: Z. Physik. Chem. **73** (1910), 685
[134] BERTHOUD, A.: J. Chim. Phys. **10** (1912), 624
[135] VALETON, J. J. P.: Z. Krist. **59** (1923), 135
[136] VALETON, J. J. P.: Z. Krist. **59** (1923), 335
[137] VALETON, J. J. P.: Z. Krist. **60** (1924), 1
[138] MULLIN, J. W.; GASKA, C.: Can. J. Chem. Eng. **47** (1969), 483
[139] GARSIDE, J.; MULLIN, J. W.: Trans. Inst. Chem. Engrs. **46** (1968), 11
[140] BERG, W. F.: Proc. Roy. Soc. (London), Ser. A **164** (1938), 79
[141] STRANSKI, J. N.: Z. Physik. Chem. A **142** (1929), 453
[142] STRANSKI, J. N.; KAISCHEW, R.: Z. Physik. Chem. B **35** (1937), 427
[143] STRANSKI, J. N.: Z. Physik. Chem. B **11** (1931), 342
[144] STRANSKI, J. N.; KAISCHEW, R.: Z. Physik. Chem. B **26** (1934), 100, 114, 312
[145] STRANSKI, J. N.: Z. Physik. Chem. B **38** (1938), 451
[146] STRANSKI, J. N.; GANS, W.; RAU, H.: Ber. Bunsenges. Phys. Chem. **67** (1963), 965
[147] VOLMER, M.; SCHULTZE, W.: Z. Physik. Chem. A **156** (1931), 1
[148] ALBON, N.: Phil. Mag. 8 (1963), 1335
[149] ALBON, N.; DUNNING, W. J.: Acta Cryst. **13** (1960), 495
[150] FRANK, F. C., in: DOREMUS, R. H.; ROBERTS, B. W.; TURNBULL, D., Growth and Perfection of Crystals, Proceedings of an International Conference on Crystal Growth, New York, 1958
[151] CABRERA, N.; VERMILYEA, D. A., in: DOREMUS, R. H.; ROBERTS, B. W.; TURNBULL, D., Growth and Perfection of Crystals, Proceedings of an International Conference on Crystal Growth, New York, 1958
[152] CABRERA, N.; COLEMAN, R. V., in: GILMAN, J. J., "*The Art and Science of Growing Crystals*", Wiley, New York 1963
[153] LIGHTHILL, M. J.; WHITHAM, G. B.: Proc. Roy. Soc. (London), Ser. A **229** (1955), 281

[154] SPANGENBERG, K.: Z. Krist. **61** (1924/1925), 189
[155] SEROWY, F.: „Beiträge zur Kornfrage in der Kristallisationstechnik der deutschen Kaliindustrie mit Berücksichtigung der neuen Theorie vom Verwachsungskonglomerat aller realen Kristallsysteme nach BALAREW", Berlin 1940
[156] OSTWALD, W.: Z. Physik. Chem. **34** (1900), 495
[157] TODES, O. M.: Russ. J. Phys. Chem. **20** (1946), 630
[158] TODES, O. M.; CHRUSCHTSCHEW, W. W.: Russ. J. Phys. Chem. **21** (1947), 301
[159] LIFSHITZ, I. M.; SLYZOV, V. V.: Soviet Phys. JETP **35** (1958), 479
[160] LIFSHITZ, I. M.; SLYZOV, V. V.: Phys. Chem. Solids **19** (1961), 35
[161] WAGNER, G.: Z. Elektrochem., Ber. Bunsenges. Physik. Chem. **65** (1961), 581
[162] REICH, R.; KAHLWEIT, M.: Z. Physik. Chem., N. F. **27** (1961), 80
[163] KAHLWEIT, M.: Z. Physik. Chem., N. F. **36** (1963), 292
[164] REICH, R.; KAHLWEIT, M.: Ber. Bunsenges. Physik. Chem. **72** (1968), 66
[165] HANITZSCH, E.; KAHLWEIT, M.: Z. Physik. Chem., N. F. **65** (1969), 290
[166] KAMPMANN, L.; KAHLWEIT, M.: Ber. Bunsenges. Physik. Chem. **71** (1967), 78
[167] KAMPMANN, L.; KAHLWEIT, M.: Ber. Bunsenges. Physik. Chem. **74** (1970), 456
[168] WINZER, A.: Kristall und Technik **13** (1978), 127
[169] WINZER, A.: Kristall und Technik **13** (1978), 243
[170] HOHMANN, H. H.; KAHLWEIT, M.: Ber. Bunsenges. Physik. Chem. **76** (1970), 933
[171] WINZER, A.; EMONS, H.-H.; JUGEL, B.: Freiberger FH A **600** (1979), 9
[172] WINZER, A.; EMONS, H.-H.; JUGEL, B.: Freiberger FH A **600** (1979), 31
[173] WINZER, A.; EMONS, H.-H.; OHMANN, W.: Freiberger FH A **600** (1979), 45
[174] WINZER, A.; EMONS, H.-H.; BÜGRER, V.: Freiberger FH A **600** (1979), 61
[175] WINZER, A.; EMONS, H.-H.; JACOB, G.: Freiberger FH A **600** (1979), 107
[176] WINZER, A.; EMONS, H.-H.; DETTMANN, K.: Freiberger FH A **600** (1979), 81
[177] WINZER, A.: Freiberger FH A **600** (1979), 121, 137
[178] WINZER, A.; EMONS, H.-H., in: MULLIN, J. W., "*Industrial Crystallization*", S. 163, Plenum Press, New York—London 1975
[179] EMONS, H.-H.: Sitzungsberichte der Akademie der Wissenschaften der DDR, 4 N, Akademie-Verlag, Berlin 1975
[180] VON LAUE, M.: Berliner Berichte (1933), 26 (referiert bei SEROWY, F. [155])
[181] EMONS, H.-H.; KEUNE, H.; SEYFARTH, H.-H.: „*Chemische Mikroskopie*", VEB Deutscher Verlag für Grundstoffindustrie, Leipzig 1973
[182] DILLE, B.: Diplomarbeit, TH „Carl Schorlemmer" Leuna—Merseburg, 1972
[183] SAKAMOTO, K.; KANEHARA, M.; MATSUSHITA, K.: Chem. Eng. (Tokyo) **35** (1971), 481
[184] SEROWY, F.: „Das Kornproblem in der Kristallisationstechnik der deutschen Kaliindustrie, Betriebs- und Laboratoriumsbeobachtungen", Berlin 1941
[185] BALAREW, D.: „*Der disperse Bau der Systeme*", Theodor Steinkopff, Leipzig 1939
[186] STRELZOV, V. V.: „Internationaler Kongreß CHISA '72" (I-3.16), Usti nad Labem 1972
[187] DETTMANN, K.: Diplomarbeit, TH „Carl Schorlemmer" Leuna—Merseburg, 1974
[188] MATZ, G.: „*Kristallisieren. Ausfrieren, Sublimieren, Gefriertrocknen*", in: MIESSNER, H.; GRIGULL, U., „*Fortschritte der Verfahrenstechnik*", Bd. 2, S. 347—352, Verlag Chemie, Weinheim/Bergstraße 1956
[189] MATUSEVIC, L. N.: Kristall und Technik **1** (1966) 4, 611
[190] MATUSEVIC, L. N.: Kristall und Technik **1** (1966) 1, 127
[191] VOIGT, H.: Dissertation, TH „Carl Schorlemmer" Leuna—Merseburg, 1975
[192] MELIA, T. P.; MOFFITT, W. P.: Nature **201** (1964), 1024
[193] BOTSARIS, G. D.; DENK, E. G.: Ann. Rev. Ind. Eng. Chem. 1970 (Publ. 1972), 337

[194] KANE, S. G.; EVANS, T. W.; BRAIN, P. L. T.; SAROFIM, A. F.: AIChE J. **20** (1974) *5*, 855
[195] DENK, E. G.; BOTSARIS, G. D.: J. Crystal Growth **13** (1972) *1*, 57
[196] LIU, YIH-AN; BOTSARIS, G. D.: AIChE J. **19** (1973), 510
[197] RANDOLPH, A. D.; ZIEBOLD, S. A.: Int. Sugar J. **76** (1974) *901*, 8; ibid. **76** (1974) *902*, 35; ibid. **76** (1974) *903*, 73
[198] STRICKLAND-CONSTABLE, R. F.: AIChE Symp. Ser. **68** (1972) *121*, 1
[199] GARABEDIAN, H.; STRICKLAND-CONSTABLE, R. F.: J. Crystal Growth **12** (1972) *1*, 53
[200] MULLIN, J. W.; GARSIDE, J.: Trans. Inst. Chem. Engrs. **45** (1967) *7*, 285, 291
[201] MARGOLIS, G.; SHERWOOD, T. K.; TRIBAUT-BRIAN, P. L.; SAROFIM, A. F.: Ind. Eng. Chem. **10** (1971) *3*, 439
[202] ESTRIN, J.; WANG, M. L.; YOUNGQUIST, G. R.: AIChE J. **21** (1975), 392
[203] LARSON, M. A.; MULLIN, J. W.: J. Crystal Growth **20** (1973), 183
[204] KOMAROVA, T. A.; AKHUTIN, A. V.: Russ. J. Phys. Chem. **47** (1973), 3059
[205] ROSEN, H. N.: AIChE J. **20** (1974) *2*, 388
[206] NAKAI, T.; AOYAMA, Y.; MIYAKE, K.: Kristall und Technik **8** (1973) *11*, 1313
[207] BAUER, L. G.; ROUSSEAU, R. W.; MC CABE, W. L.: AIChE J. **20** (1974) *4*, 653
[208] KONAK, A. R.: Kristall und Technik **9** (1974) *7*, 779
[209] GARABEDIAN, H.; STRICKLAND-CONSTABLE, R. F.: Internationaler Kongreß „CHISA '72" (I-2.2), Usti nad Labem 1972
[210] OTTENS, E. P. K.; DE JONG, E. J.: Kristall und Technik **9** (1974) *8*, 873
[211] ADAMSKI, T.: DECHEMA-Monogr. **73** (1974) *1410–1431*, 229
[212] SÖHNEL, O.; NYVLT, J.: Collect. Czech. Chem. Commun. **40** (1975) *2*, 511
[213] NAKAI, T.: Internationaler Kongreß „CHISA '72" (I.-2.5), Usti nad Labem 1972
[214] TAI, C. Y.; MC CABE, W. L.; ROUSSEAU, R. W.: AIChE J. **21** (1975) *2*, 351
[215] KANE, S. G.; EVANS, T. W.; BRIAN, P. L. T.; SAROFIM, A. F.: Desalination **17** (1975) *1*, 3
[216] NYVLT, J.; WURZELOVA, J.; CIPOVA, H.: Collect. Czech. Chem. Commun. **41** (1976) *1*, 29
[217] BOTSARIS, G. D.; SUTWALA, G.: AIChE Symp. Ser. **72** (1976) *153*, 7
[218] ROUSSEAU, R. W.; LI, K. K.; MC CABE, W. L.: AIChE Symp. Ser. **72** (1976) *153*, 48
[219] TOYOKURA, K.; YAMAZOE, K.; MOGI, J.: AIChE Symp. Ser. **72** (1976) *153*, 53
[220] NESS, J. N.; WHITE, E. T.: AIChE Symp. Ser. **72** (1976) *153*, 64
[221] WEY, J. S.; TERWILLIGER, J. P.: AIChE J. **22** (1976) *5*, 960
[222] SIKDAR, S. K.; RANDOLPH, A. D.: AIChE J. **22** (1976) *5*, 960
[223] SIKDAR, S. K.; RANDOLPH, A. D.: AIChE J. **22** (1976) *1*, 110
[224] ESTRIN, J.: Prep. Prop. Solid State Moter. **2** (1976), 1
[225] CONTI, R.: Atti Accad. Sci. Torino, Classe Sci. Fis., Mat. Nat. **110** (1976) *5–6*, 393
[226] SÖHNEL, O.; NYVLT, J.: Chem. Prumysl **25** (1975) *2*, 61

3. Kristallisatoren

Der Titel des Buches beschränkt den darzustellenden Stoff auf die Apparate der Massenkristallisationstechnik aus Lösungen, wobei aber nur eine sehr kleine Auswahl der häufigsten Typen vorgestellt werden kann. Eine ausführliche Beschreibung weiterer Kristallisatoren ist in speziellen Monographien zu finden [1—5]. Apparate zur Kristallisation aus der Schmelze, für die Sublimation, die Züchtung von Einkristallen und weitere spezielle Formen der Kristallisation sind von Wilke [6] und Pamplin [7] beschrieben worden.

3.1. Diskontinuierliche und kontinuierliche Kristallisatoren

Beide Arten von Kristallisatoren sind von industrieller Bedeutung. Die diskontinuierlichen Kristallisatoren finden vor allem dann bevorzugt Anwendung, wenn nur kleine Mengen eines Produktes in größeren Zeitabständen erzeugt werden und das Aufstellen eines kontinuierlichen Kristallisators nicht sinnvoll ist. Bamforth [2] gibt als Produktionskapazität 1—100 t/Woche an. Sie werden deshalb häufig in der pharmazeutischen Industrie oder bei der Erzeugung von Laborchemikalien eingesetzt.

Es gibt aber auch Fälle, bei denen trotz großer Produktmengen eine kontinuierliche Kristallisation nicht möglich ist, da sich die Eigenschaften der zu verarbeitenden Mutterlaugen infolge der naturbedingt variierenden Zusammensetzung des Ausgangsstoffes sehr stark ändern können. Von diesen jedoch hängt die notwendige Verweilzeit der Lösung im Kristallisator ab. Den veränderten Kristallisationsbedingungen kann ein kontinuierlicher Kristallisator nur mit Hilfe von Meß- und Regelgeräten und zusätzlichen Puffertanks eingepaßt werden. Die Verlängerung der Verweilzeit in einem diskontinuierlichen Kristallisator ist dagegen ohne Schwierigkeiten möglich. Beispiele für derartige Fälle sind die Kristallisation von Zucker und Borax. Ein Nachteil der diskontinuierlichen Kristallisation besteht darin, daß das Kristallprodukt unterschiedliche Korngrößen aufweisen kann, wobei meist relativ viel Feinkorn vorliegt. Durch gezielte Steuerung des Kristallisationsprozesses kann dieser Nachteil zum Teil eingeschränkt werden (s. Kap. 5.7.).

Grundsätzlich kann jeder Kristallisator diskontinuierlich betrieben werden. Meist handelt es sich um Rührmaschinen mit und ohne Leiteinrichtung oder

Stromstörer, die als Kühlungs-, Verdampfungs- oder Vakuumkristallisatoren arbeiten. In der Zuckerindustrie findet man häufig Verdampfer mit innerem Naturumlauf.

Kontinuierliche Kristallisatoren werden bevorzugt bei größeren Produktmengen eingesetzt, z. B. für die Erzeugung von Kaliumchlorid, Kochsalz, Kaliumsulfat, Natriumsulfat, Harnstoff, Ammoniumsulfat, Kaliumnitrat oder Metallsalzen. Man unterscheidet Apparate mit indirekter und direkter Kühlung bzw. Beheizung.

Kontinuierliche Kristallisatoren sind oftmals den Eigenheiten des speziellen Produktes und der Technologie angepaßt, d. h., es existiert eine große Vielfalt verschiedenster Typen und Formen. Als Grundtypen, auf die sich die verschiedenen Konstruktionen zurückführen lassen, können Mulden- oder Rinnenkristallisatoren in modifizierter Form, Drehrohrkristallisatoren, Rührwerkskristallisatoren, Kristallisatoren mit innerem oder äußerem Lösungs- und Suspensionsumlauf, Wirbel- oder Fließbettkristallisatoren genannt werden. Kontinuierliche Kristallisatoren besitzen den Vorteil, daß sie neben günstigerer Grundfondsauslastung und geringerem Platzbedarf bei stabilem stationären Betrieb ein Produkt konstanter Zusammensetzung und Eigenschaften liefern, worauf die nachgeschalteten Produktions- und Verbraucheroperationen abgestimmt werden können. Um die in der Frischlösung enthaltenen Mengen des zu produzierenden Stoffes möglichst grobkörnig zu gewinnen, werden Kristallisatoren mehrstufig gebaut. Es sind Ausführungen mit bis zu 15 Stufen bekannt [8]. Mehrstufige Verdampfungs- und Vakuumkristallisatoren werden auch aus energiewirtschaftlichen Gründen bevorzugt.

Tabelle 3–1

Industriell bei der Kristallisation ausgewählter Salze angewendete Methoden der Übersättigungserzeugung

Abkühlung	Zucker, Adipinsäure, Natriumsulfat, Borax, Eisensulfat, Magnesiumsulfat, Kaliumsulfat
Adiabate Verdunstung	Kaliumchlorid, Natriumsulfat, Natriumnitrat, Adipinsäure, Ammoniumnitrat, Ammoniumsulfat, Magnesiumsulfat
Verdampfung	Zucker, Harnstoff, Natriumchlorid, Ammoniumsulfat
Lösungsreaktion	Kalium- und Ammoniumnitrat (mit Isopropanol) Alaun (eisenfrei) mit Ethanol Entwässerung anorganischer Salze nach dem Somet-Verfahren [19, 20]
Chemische Reaktion	Natriumbicarbonat, Gips, Kaliumsulfat, Ammoniumsulfat, Ammoniumphosphat

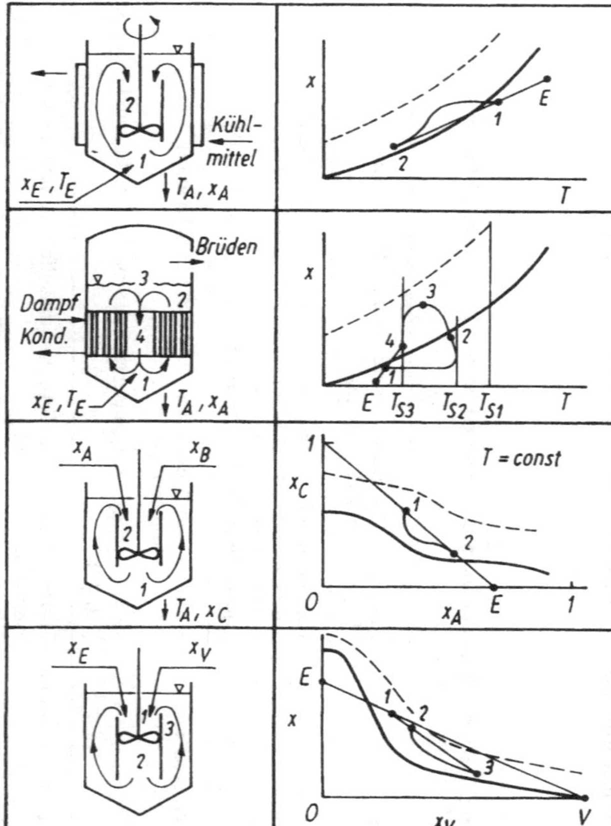

Kühlung
Lösungszusammensetzung entsteht durch Mischung der Frischlösung *E* und der verbrauchten Lösung *2*. Kühlung führt zur Übersättigung der Lösung *1*, Kristallisation setzt ein, Temperatur und Konzentration nähern sich Zustand *2*.

Verdampfung
Lösungszustand *1* entsteht durch Mischung der Frischlösung *E* mit verbrauchter Lösung *4*. Im Wärmeübertrager steigt Lösungstemperatur. Mit sinkender hydrostatischer Höhe sinkt der Siedepunkt der Lösung, die Konzentration steigt, Kristallisation setzt ein. Im Punkt *3* Höhepunkt der Verdampfung. Danach sinkt Konzentration infolge Kristallisation etwa isotherm bis zum Zustand *4*.

Chemische Reaktion A + B → C
Die Reaktionspartner A und B vermischen sich, es entsteht der Stoff C, der sich löst. Es stellt sich die Konzentration *1* im metastabilen Gebiet ein. Infolge der Kristallisation sinkt der Anteil C in der Lösung, wodurch neben dem Absinken von x_C auch ein Ansteigen von x_A bewirkt wird.

Lösungsverdrängung
Die Verdrängungssubstanz *V* wird mit Frischlösung *E* gemischt. Es entsteht Lösung vom Zustand *1*, die sich mit der verbrauchten Lösung *3* mischt, es ergibt sich der Zustand *2*. Durch Kristallisation wird Feststoff ausgefällt, bis etwa der Zustand *3* erreicht ist.

Abb. 3–1. Schematischer Prozeßverlauf bei unterschiedlichen Arten der Übersättigungserzeugung
——— Löslichkeitslinie; - - - - Überlöslichkeitslinie

3.2. Übersättigungserzeugung

Übersättigungserzeugung und Kristallisation sind zwei gegenläufige Vorgänge während des Kristallisationsprozesses. Der erste Vorgang schafft die Voraussetzung dafür, daß der zweite ablaufen kann, der zweite wirkt dem durch Entzug einer Komponente aus der Lösungsphase und deren Überführung in die feste Produktphase entgegen. Die Übersättigungserzeugung sollte also auf den Kristallisationsvorgang abgestimmt sein.

Es treten fünf Arten der Übersättigungserzeugung in industriellen Verfahren auf: Abkühlung, adiabate Verdunstung, Verdampfung, Lösungsverdrängung und chemische Reaktion.

In Tab. 3–1 sind für einige als Beispiele ausgewählte Kristallisationsprozesse die industriell angewendeten Arten der Übersättigungserzeugung angegeben. Der Prozeßverlauf für die unterschiedlichen Arten der Übersättigungserzeugung ist schematisch in Abb. 3–1 dargestellt.

3.2.1. *Abkühlung*

In den meisten Fällen erfolgt die Abkühlung der Lösung auf indirektem Wege an Kühlflächen. Seltener wird auf direktem Wege mit Hilfe einer Flüssigkeit [9], die sich mit der Lösung nicht mischt, oder durch Zuführung von Kaltgas gekühlt [10]. Kühlflächen bilden entweder die Behälterwände (Doppelwandausführung oder aufgeschweißte Halbrohre) oder zusätzliche Kühlflächen, wie Kühlschlangen oder Rohrbündel, im Innenraum bzw. Wärmeübertrager im äußeren Flüssigkeitsumlauf. Die Übersättigung wird dabei durch die mit der Temperatur bei vielen Salzen absinkende Sättigungskonzentration erzeugt.

Kühlungskristallisatoren besitzen einen großen Vorteil. Der Energieverbrauch ist relativ gering, da zur Übersättigungserzeugung die Lösung lediglich abgekühlt werden muß. Das Verfahren ist aber nur dann effektiv anwendbar, wenn die Verringerung der Sättigungskonzentration mit sinkender Temperatur so groß ist, daß eine ausreichende Menge Kristallisat ausfällt. Die niedrigste erreichbare Sättigungstemperatur hängt von der Kühlmitteltemperatur ab. Damit ist auch der Restgehalt des Feststoffes in der Lösung festgelegt. Der wesentlichste Nachteil dieses Verfahrens besteht darin, daß an den Kühlflächen die niedrigste Temperatur und somit die höchste Übersättigung herrscht. Daraus folgt, daß sich dort mit großer Wahrscheinlichkeit eine Kristallschicht bildet, die den Wärmedurchgang stark vermindert. Das kann sogar dazu führen, daß Wärmeübertragerrohre zuwachsen und die Kühlflächen in kürzeren Zeitabständen durch Spülung mit warmer untersättigter Lösung gereinigt werden müssen. Nach Bamforth [2] sind in günstigen Fällen alle 100 bis 200 h Reinigungszyklen vorzusehen.

In Abb. 3–2 sind drei Kühlungskristallisatoren dargestellt. Im ersten Kristallisator (a) wird der Wärmeübergang zwischen Kühlfläche und Suspension

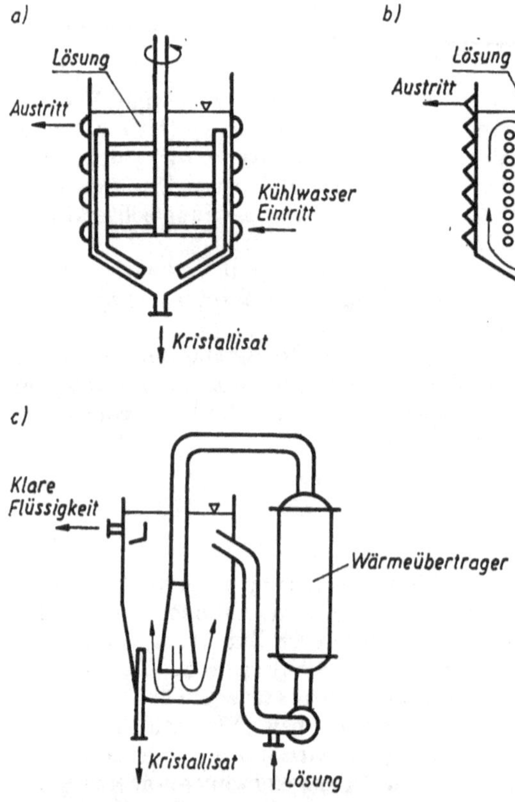

Abb. 3–2. Kühlungskristallisatoren

a) Intensivierung des Wärmeübergangs an der Mantelfläche durch einen Tangentialrührer

b) Benutzung eines Leitrohres zur Verbesserung des Suspendiergrades

c) Der außenliegende Wärmeübertrager ermöglicht die Installation größerer Wärmeübertragungsflächen. Die Durchmischung der Suspension erfolgt durch eine Pumpe

durch einen Tangentialrührer intensiviert. Im dargestellten Beispiel handelt es sich um einen Gitterrührer, der auch stärkere Kristallansätze verhindert. Die Suspendierwirkung dieser Rührer ist jedoch wegen der fehlenden axialen Strömungskomponente gering, so daß das Kristallisat lediglich als aufgelockerte Schicht in Bodennähe umläuft. Der Grad der Suspendierung im Rührwerkskristallisator mit innerem Umlauf (b) ist wesentlich größer. Die Suspension wird durch einen Propellerrührer im Leitrohr in Richtung Kristallisatorboden gepumpt und strömt im Ringraum nach oben. Man kann die Rührerdrehzahl so wählen, daß die gröberen Kristalle im Ringraum in Schwebe gehalten werden und nicht mehr in die Rührerzone gelangen. Auf diese Weise ist es möglich, recht grobe Kristalle zu erzeugen. Die Rührerdrehzahl kann aber auch so eingestellt werden, daß die gesamte Suspension umläuft. Die Kühlflächen werden durch die Behälterwand und eine zusätzliche Kühlschlange, die die Funktion des Leitrohres mit übernimmt, gebildet.

Im Kristallisator mit äußerem Suspensionsumlauf (c) wird die Suspension durch eine Pumpe in Bewegung gehalten. Ein äußerer Umlauf muß immer dann gewählt werden, wenn die zur Abkühlung nötige Wärmeübertragungsfläche im Kristallisator nicht untergebracht werden kann. Im vorliegenden Beispiel wird aus dem Kristallisator klare Lösung separat abgezogen, um den Feststoffanteil in der Suspension erhöhen und die mittlere Verweilzeit der Kristalle verlängern zu können.

3.2.2. Adiabate Verdunstung

Diese Art der Übersättigungserzeugung wurde ursprünglich vor allem bei der Kristallisation von Stoffen angewandt, deren Löslichkeit mäßig mit der Temperatur ansteigt. In den letzten Jahren wird sie auch für Produkte mit starker Abhängigkeit zwischen Löslichkeit und Temperatur genutzt, d. h., sie hat teilweise die Anwendung der Kühlungskristallisation verdrängt. Kristallisatoren dieser Art werden in der Fachliteratur als Vakuumkristallisatoren bezeichnet. Dieser Name ist etwas irreführend, da auch Verdampfungskristallisatoren bei vermindertem Druck betrieben werden.

Die Übersättigung wird durch Verdunstung von Lösungsmittel bei gleichzeitiger Abkühlung der eintretenden Lösung erzeugt. Es stellt sich ein stationäres Temperaturregime ein, das vom Druck im Kristallisator, der Temperatur, der Menge der zulaufenden Lösung oder Suspension und der Konzentration der Lösung abhängt. Da die Abkühlung und Konzentrationsänderung in einem Kristallisator ein bestimmtes Maß nicht überschreiten soll, werden meist mehrere Kristallisatoren mit adiabater Verdampfung hintereinandergeschaltet, wobei von Kristallisator zu Kristallisator der Druck vermindert wird.

Das Fehlen von Wärmeübertragungsflächen, deren Verkrustung bei der Kühlungs- und Verdampfungskristallisation Schwierigkeiten bereitet, ist der Vorteil der adiabaten Verdunstung. Jedoch können an der Kristallisatorwand in der Nähe des Flüssigkeitsspiegels auch hier Verkrustungen auftreten, die aber z. B. durch ständiges Bespülen dieses Teils des Kristallisators mit ungesättigter Lösung vermeidbar sind [11]. Bei Lösungen mit starker Siedepunktserniedrigung kann die Methode der Übersättigungserzeugung durch adiabate Verdunstung nicht mehr wirtschaftlich angewandt werden.

Abbildung 3-3 zeigt einen Vakuumkristallisator mit innerem Suspensionsumlauf, einer großen Feinkornabscheidekammer am Kristallisatorumfang und einem sogenannten Salzfänger, der gleichzeitig zur Produktkornklassierung dient. Charakteristisch für Vakuumkristallisatoren ist der große Dampfraum

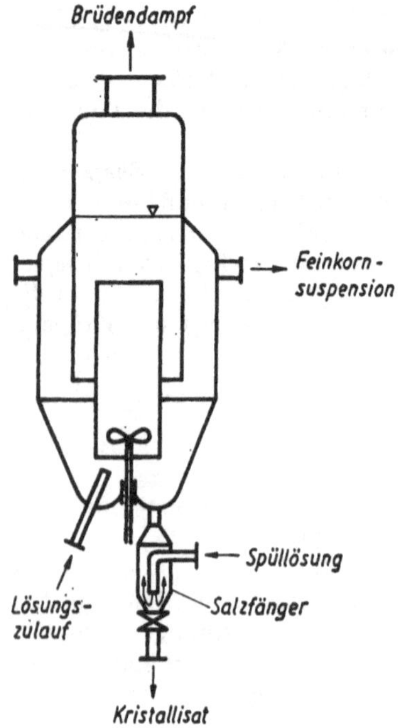

Abb. 3–3. Kristallisator mit innerem Suspensionsumlauf, Feinkornabscheidung und schwacher Produktklassierung im Salzfänger

über der Suspension zum Abscheiden der aus der Flüssigkeit hochgerissenen Tröpfchen und das barometrische Fallrohr oder die zusätzliche Pumpe zum Abziehen des Kristallproduktes. Bei dem hier dargestellten Typ ist der Boden strömungstechnisch günstig gestaltet.

3.2.3. *Verdampfung*

Die Erzeugung der Übersättigung durch Verdampfung von Lösungsmitteln wird dann in Betracht gezogen, wenn die Löslichkeit des auszukristallisierenden Stoffes mit steigender Temperatur sinkt bzw. nur unwesentlich steigt oder wenn die in Lösung befindliche Feststoffmenge restlos gewonnen werden soll und eine erneute Beladung des Lösungsmittels aus technologischen Gründen nicht möglich ist. Bei der Zuckerkristallisation verbietet dies der große Anteil der in der Lösung verbliebenen Wertstoffe, die anderweitig genutzt werden müssen, bei der Harnstoffkristallisation die ständig in der Synthese erzeugte verdünnte Harnstofflösung.

Die Heizflächen, an denen die zur Verdampfung nötige Wärmemenge übertragen wird, sind oft als Rohrbündel, in Sonderfällen aber auch in anderer

Form ausgebildet (Abb. 3–4). Das Rohrbündel kann innen stehend angebracht sein. Es besteht aus einer größeren Anzahl kurzer Verdampfungsrohre und einem größeren Zirkulationsrohr, durch das die in den Verdampfungsrohren aufsteigende Flüssigkeit zum Boden zurückströmen kann. Die Zirkulation wird bei natürlicher Konvektion durch örtliche Dichteunterschiede zwischen dem Dampf-Suspensionsgemisch im Verdampfungsrohr und der Suspension im Zirkulationsrohr aufrechterhalten. Manche Kristallisatoren sind zur Unter-

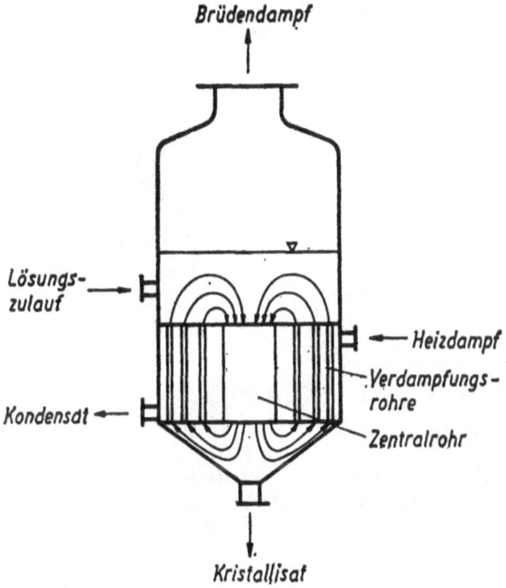

Abb. 3–4. Verdampfungskristallisator mit innen angebrachtem Bündel kurzer Verdampferrohre

stützung der Zirkulation mit einem Schraubenrührer, der im Zirkulationsrohr läuft, ausgerüstet. Das kurze Rohrbündel, mitunter auch Rohrregister genannt, befindet sich im unteren Drittel des Suspensionsvolumens. Es gibt dafür zwei Gründe:

1. Der Zirkulationsstrom erfaßt so die bodennahen Gebiete und vermeidet Feststoffablagerungen.
2. Der Siedevorgang wird durch die über der Heizfläche stehende Flüssigkeitssäule verzögert, so daß die auf dem Wege von der Heizfläche bis zur freien Oberfläche allmählich erzeugte Übersättigung durch Kristallwachstum bereits teilweise abgebaut werden kann. Damit wird die Wahrscheinlichkeit, daß es örtlich zu primärer Keimbildung kommt, eingeschränkt.

Das Rohrbündel kann ebenso in einen äußeren Kreislauf eingeschaltet sein. In diesem Falle werden schlanke Rohrbündel bevorzugt (Abb. 3–5). Die Zirkulation kann auch hier durch Naturumlauf oder mit Hilfe einer Pumpe aufrecht erhalten werden. Die Lösung wird nur bis zu einer Temperatur kurz unterhalb der Siedetemperatur erwärmt. Damit erreicht man, daß der eigentliche Siedevorgang erst oberhalb der Heizfläche beginnt und die Verkrustungsgeschwindigkeit der Heizflächen vermindert wird.

Die Verdampfung des Lösungsmittels ist sehr energieintensiv. Um den Vorgang ökonomischer zu gestalten, wird der Prozeß mehrstufig bei unterschiedlichen Temperaturen durchgeführt. Damit ist die Möglichkeit gegeben, den im vorstehenden Kristallisator entstehenden Brüdendampf als Heizdampf für die nächste Stufe zu nutzen.

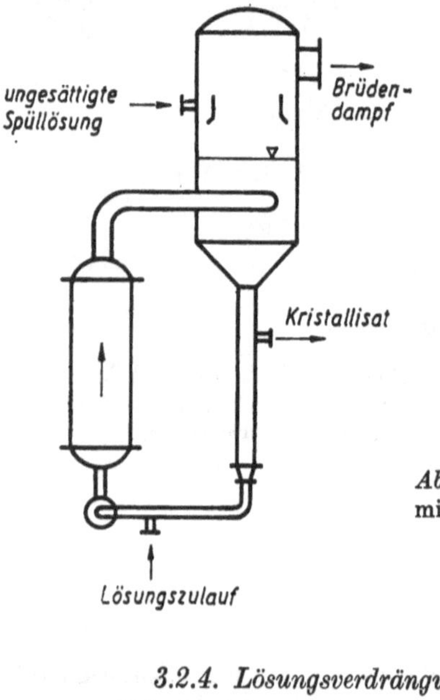

Abb. 3–5. Verdampfungskristallisator mit äußerem Verdampferkreislauf

3.2.4. *Lösungsverdrängung*

Setzt man einer homogenen flüssigen Mischung einen Stoff zu, der vom Lösungsmittel stärker angezogen wird als der ursprünglich gelöste, dann sinkt dessen Sättigungskonzentration. Handelt es sich bei dem verdrängten Stoff um ein Salz, so wird damit eine Übersättigung erzeugt, und das Salz kristallisiert aus. Der Kristallisationsvorgang kann durch vorsichtiges Zugeben der Verdrängersubstanz gesteuert werden. Dieser Stoff kann eine Flüssigkeit, aber auch ein Salz sein.

3.2.5. *Chemische Reaktion*

Bei einer Reihe von Produktionsprozessen entstehen durch chemische Reaktionen, die in flüssiger Phase ablaufen, Salze, die zuerst in Lösung bleiben. Mit Fortschreiten der Reaktion wird die Lösung übersättigt, das Salz kristallisiert aus. Das Übersättigungsniveau in einer solchen Lösung stellt sich entsprechend der Relation zwischen Reaktions- und Kristallisationsgeschwindigkeit ein.

3.3. Hydrodynamische Gestaltung

Das Strömungsregime in einem Kristallisator beeinflußt das Kristallprodukt wesentlich. Die Massenkristallisatoren kann man nach dem Grad der Bewegung der Suspension in drei Gruppen gliedern.

3.3.1. Ruhende Lösung

Kristallisatoren, in denen sich die Lösung praktisch nicht bewegt, stellen die Salzgärten dar. Sie werden heute in Ländern mit intensiver Sonneneinstrahlung (China, Indien, Japan, Brasilien, Israel, Italien, Spanien, Mexiko, Senegal, Togo, Kenia, Republik Elfenbeinküste, Australien, aber auch Bulgarien) zur Gewinnung von Salz aus Meerwasser genutzt.

Zu dieser Gruppe kann man auch die in den Anfängen der industriellen Kristallisation benutzten Kristallisierwannen oder -tröge zählen, in die die Lösung zu Beginn heiß eingefüllt und bis zum Ende des Prozesses stehen gelassen wurde. Die spezifische Leistungsfähigkeit derartiger Apparate ist gering, das erzeugte Korn grob.

3.3.2. Schwach bewegte Suspension

Tröge mit langsam umlaufenden Rühreinrichtungen waren bis vor 30 bis 40 Jahren in Europa noch ein weit verbreitetes Produktionsmittel. Die Rührer hatten die Aufgabe, das an den Behälterwandungen angewachsene Kristallisat abzukratzen und die Suspension leicht zu durchmischen. Diese erzwungene Bewegung führte zu einer wesentlichen Steigerung der spezifischen Leistung der Kristallisatoren. Ähnliche Einrichtungen finden auch heute noch bei der Kristallisation in zähen Lösungen, z. B. bei der der Verdampfungskristallisation von Zucker nachgeschalteten Kühlungskristallisation, Anwendung.

Die Kristallisierwiegen sind schlanke Tröge mit ovalem Boden, die über ein geeignetes Getriebe in eine Wiegebewegung versetzt werden. Der Vorteil dieser Konstruktion besteht darin, daß keine langen Rührerwellen mit den in die Lösung eintauchenden Lagern vorzusehen sind. Die Leistung entspricht etwa denen der gerührten Tröge.

Rohrkristallisatoren stellen eine für spezielle Fälle angewandte Form eines Kristallisators mit schwach bewegter Suspension dar. Sie eignen sich z. B. dann, wenn Rauchgase zur direkten Beheizung der Lösung benutzt werden können. In die leicht geneigt angeordneten umlaufenden Rohre wird die Lösung an der höchsten Stelle eingespeist. Im Inneren des Drehrohres sind spezielle Einbauten angebracht, die ein schnelles Durchströmen der Lösung verhindern, also einen langsamen axialen Transport der Suspension ermöglichen. Im Gegenstrom zur Suspension streicht heißes Rauchgas durch das Rohr und verursacht eine teilweise Verdunstung oder Verdampfung des Lösungsmittels.

3.3.3. Intensiv durchmischte Suspension

In nahezu allen modernen Kristallisatoren wird die Suspension intensiv durchmischt [12]. Die Kristallisatoren sind in ihrer Grundform zylindrisch, bei einigen Typen ist der untere Teil konisch ausgeführt. Die Durchmischung erfolgt entweder mit Hilfe eines Rührers oder einer Umlaufpumpe. Zu nennen sind hier die einfachen Rührwerkskristallisatoren. Bei ihnen werden die in Standardbaureihen hergestellten Rührwerke für die Kristallisation genutzt. Die Rührer sind meist Schrauben- oder Schrägblattrührer. Zur Unterstützung des Durchmischungsvorganges sind oftmals Wandstrombrecher vorgesehen. Diese Rührwerke sind nicht auf die besonderen Belange der Kristallisation eingerichtet. Die Durchmischung in der Nähe der Flüssigkeitsoberfläche ist ungenügend. Die Wahrscheinlichkeit für die lokale Entstehung von Primärkeimen wächst damit insbesondere bei Kristallisatoren mit adiabater Verdunstungskühlung. Andererseits ist die Durchmischung in der Rührerzone sehr intensiv, und die bereits gebildeten Kristalle kommen relativ oft mit dem Rührer oder den Wandeinbauten in Kontakt. Dies führt zu einer verstärkten sekundären Keimbildung. Rührwerkskristallisatoren werden dann eingesetzt, wenn die Ansprüche an die Leistungsfähigkeit des Kristallisators und die Qualität des Produktes gering sind.

Moderne leistungsfähige Kristallisatoren sind als Umlaufkristallisatoren ausgebildet. Dabei wird einmal zwischen Lösungs- und Suspensionsumlauf und zum anderen zwischen innerem und äußerem Umlauf unterschieden.

Innerer Umlauf

Der Kristallisatorinhalt wird meist durch einen Schraubenrührer bewegt. In neuerer Zeit werden auch anstatt des Rührers Treibstrahldüsen eingesetzt [13]. Damit das gesamte Kristallisatorvolumen durch die Strömung erfaßt wird, ist ein Leitrohr in den Kristallisator eingebaut. Im Inneren des Rohres fördert der Rührer die Flüssigkeit in Richtung Boden oder Flüssigkeitsspiegel, und über dem Ringraum schließt sich im einfachsten Falle der Umlauf. Bei Vakuumkristallisatoren mit Suspensionsumlauf wird die Suspension in Rührernähe mit Frischlösung gemischt und dann zur Flüssigkeitsoberfläche gefördert. Auf dem Wege dorthin setzt die teilweise Verdampfung des Lösungsmittels ein, die in der Nähe der Suspensionsoberfläche am intensivsten ist. Dort entsteht auch die größte Übersättigung. Um in diesem Bereich eine möglichst große Kristalloberfläche zu haben, an der die Übersättigung durch Wachstum abgebaut werden kann, ist also die Förderung der Suspension im Leitrohr in

Richtung freie Oberfläche der Lösung günstiger für die Bildung eines gröberen Produktes. Auch wenn die Feinkornabscheidung, wie häufig angewandt, in einer Ringkammer, die sich an den Kristallisatorkörper anschließt, vorgenommen wird, ist diese Zirkulationsrichtung der Suspension günstig (s. Abb. 3–3, S. 82).

Bei den Kristallisatoren mit Lösungsumlauf, auch als Wachstumskristallisatoren bekannt, wird durch den Schraubenrührer vor allem die Lösung im Umlauf gehalten. Die Zirkulationsgeschwindigkeit ist so bemessen, daß die größeren Kristalle im Ringraum zwischen Kristallisatormantel und Zentralrohr wie in einem Wirbelbett in Schwebe gehalten werden. Die kleineren Kristalle zirkulieren mit der Lösung. Beim Durchströmen des Wirbelbettes vermindert sich die Übersättigung der Lösung. Die Wachstumsbedingungen in einem solchen Kristallisator sind mitunter so günstig, daß Kristalle von mehreren Millimetern Größe erzeugt werden können.

Äußerer Umlauf

Beim äußeren Umlauf sind die Grundprinzipien die gleichen wie bei innerem Umlauf. Der grundsätzliche Unterschied besteht darin, daß der Umlaufstrom an einer geeigneten Stelle aus dem Kristallisator herausgeführt, durch außen angebrachte Wärmeübertrager, Klassiereinrichtungen und Zirkulationspumpen [14] geleitet wird und dann, vermischt mit Frischlösung, wieder in den Kristallisator eintritt (s. Abb. 3–2c, 3–5).

3.4. Feinkornzerstörung

Die durch sekundäre Keimbildung in Massenkristallisatoren entstehenden Keime werden fast immer in so großer Zahl erzeugt, daß, wenn sie alle bis zur Produktgröße wachsen würden, das Kristallisat sehr feinkörnig wäre. Zur Vermeidung dessen, wird ein Teil der Kristallkeime möglichst frühzeitig abgeschieden und vernichtet [15]. Die verbleibenden Keime können nun bis zur gewünschten Größe wachsen. Die Feinkornzerstörung erfolgt durch Auflösen, sowohl in Gegenwart als auch in Abwesenheit der übrigen Produktkristalle. Im ersten Fall sind zwei Wege möglich:

a) Die Lösung wird durch Erwärmung über die Sättigungstemperatur oder durch örtlich begrenzte Verdünnung untersättigt.
b) Die Verdünnung der Lösung erfolgt an solchen Stellen im Kristallisator, an denen unerwünschte Kristallablagerungen entstehen [16], z. B. an der Behälterwand im Bereich des Flüssigkeitsspiegels (Abb. 3–5).

Das Abscheiden des Feinkornes aus der Suspension geschieht meist folgendermaßen:

a) Bei Kristallisatoren mit Suspensionsumlauf wird ein Teil der Lösung in einem Ringraum abgesaugt (Abb. 3–3), der sich entweder innen oder außen an den Kristallisatormantel anschließt [17]. Die Form dieses Ringraumes und die Geschwindigkeit der aufsteigenden Lösung sind so gewählt, daß nur sehr feine Teilchen mit der Lösung den Kristallisator verlassen. Die Zerstörung dieses Feinkornes erfolgt durch Auflösen.

b) Bei Kristallisatoren mit Lösungsumlauf wird das Feinkorn in Beruhigungsräumen angereichert und dann in den Feinkornlöser abgezogen (Abb. 3–2c).

3.5. Produktabzug

Es wird zwischen nicht klassiertem und klassiertem Produkt unterschieden. Im ersten Fall kann die Produktsuspension an einer geeigneten Stelle direkt aus dem Kristallbett entnommen werden. Das ist durch eine Öffnung im Boden oder Mantel des Kristallisators, durch ein Rohr, das in das Bett hineinragt, oder an einem Abzweig im äußeren Umlauf eines Suspensionskristallisators möglich.

Die Klassierung des Produktes erfolgt entweder im Kristallisator oder in einer außen liegenden Prozeßstufe.

Als außenliegende Klassiereinrichtungen werden die unterschiedlichsten Apparate genutzt. Bekannt ist die Anwendung von Hydrozyklonen, Bogensieben, Zentrifugen und Trommel- oder Bandfiltern. Die mit der so abgetrennten Lösung mitgehenden Feststoffanteile werden nach Möglichkeit dem Kristallisationsprozeß wieder zugeführt.

Die innere Klassierung basiert auf dem Prinzip der Gegenstromklassierung. Sie erfolgt in Klassierrohren oder Salzfängern, die am Kristallisatorboden angebracht sind, oder sie wird durch Einschnürung des Strömungsquerschnittes im Kristallisator selbst bewirkt [18] (Abb. 3–3).

Die mittlere Verweilzeit der Produktkristalle wird bei einigen Kristallisationsprozessen durch separates Abziehen klarer Lösung verlängert. Dies ist insbesondere bei Kristallisatoren mit innerer Klassierung notwendig. Die so abgezogene Lösung wird häufig als Klar- oder Überlauf bezeichnet, sie enthält einen Teil der überzähligen Kristallkeime.

Literatur

[1] Matz, G.: „*Kristallisation. Grundlagen und Technik*“, Springer-Verlag, Berlin—New York 1969

[2] Bamforth, A. W.: "*Industrial Crystallization*", Leonhard Hill, London 1965

[3] Matusevich, L. N.: „*Kristallisazija is rastworow v chimitscheskoj promyshlennosti*“, Verlag Chimija, Moskau 1968

[4] Nyvlt, J.: "*Industrial Crystallization from Solutions*", Butterworths, London 1971

[5] Nyvlt, J.: "*Industrial Crystallization—The Present State of the Art*", Verlag Chemie, Weinheim/Bergstraße 1978

[6] Wilke, K.-Th.: „*Kristallzüchtung*“, VEB Deutscher Verlag der Wissenschaften, Berlin 1973

[7] PAMPLIN, B. R.: "*Crystal Growth*", Pergamon Press, Oxford 1975

[8] AUTENRIETH, H.: „*Die Kali-Industrie*" in: WINNACKER, H.; KÜCHLER, R., „*Chemische Technologie*", Band 1, Verlag Hauser, München 1958

[9] Third International Symposium on Fresh Water from the Sea, European Federation of Chemical Engineering, Dubrovnik 1970

[10] CERNY, J.: Czech. Pat. 98456, 1961

[11] SPOTT, G.; STARKE, K.: BRD-Pat. 2227584, Juni 1974

[12] MULLIN, J. W.: "*Crystallizer Design and Operation*" in: MULLIN, J. W., "*Industrial Crystallization*", Plenum Press, New York and London 1976

[13] POSTNIKOW, W. A.; RIABKOW, W. A.: UdSSR-Pat. 342647, Juni 1972

[14] BAMFORTH, A. W.: The Chemical Engineer (1972) *9*, 342–346

[15] SAEMAN, W. C.: Ind. Eng. Chem. **53** (1961) *8*, 612–622

[16] DOMMNING, H.: Kali und Steinsalz **7** (1977) *4*, 155–167

[17] BENNETT, R. C.: USA-Pat. 861805, 29. Sept. 1969

[18] WITTE, J. F.; VONCKEN, R. M.: British Chemical Engineering **16** (1971) *8*, 681 to 685

[19] KÄSEBERG, K.; SCHERZBERG, H.; KOHLER, W.; FUHRMANN, K.: Bergakademie **20** (1968), 613–616

[20] FRANKE, R.; ANDEREGG, H.: Information Energieanwendung, Inst. f. Energetik, Zentralstelle f. rationelle Energieanwendung, Leipzig 1978

4. Mathematische Modelle der Häufigkeitsverteilung von Kristallen

Ziel des Prozesses der Massenkristallisation ist ein Kristallisat mit bestimmten für dessen weiteren Gebrauch wichtigen Eigenschaften, wie z. B. chemische Zusammensetzung, Kornfestigkeit, vorgeschriebene Korngrößenverteilung. Die beiden erstgenannten Eigenschaften sind bis zu einem gewissen Grade mit der Korngrößenverteilung verknüpft. Die Kristalle werden während des Kristallisationsprozesses durch eine Reihe von Vorgängen beeinflußt. Dabei wird zwischen den eigentlichen Kristallisationsvorgängen, der Keimbildung und dem Wachstum, weiteren Prozessen, wie dem Umlösen, der Agglomeration, der teilweisen Kristallzerstörung, und anderen durch die prozeßtechnische Gestaltung des Kristallisators bedingten Vorgängen, dem Verweilzeitverhalten, der Produktkornklassierung und der Feinkornabscheidung bzw. -zerstörung unterschieden.

Bei der mathematischen Modellierung von kinetischen Vorgängen in Zwei- und Mehrphasensystemen, bei denen eine oder mehrere Phasen in einer Mutterphase dispergiert sind, versucht man sinnvollerweise das Verhalten der dispergierten Volumenelemente zu berücksichtigen, wenn diese unterschiedlich intensiv an den ablaufenden Prozessen beteiligt sind. Dies gilt uneingeschränkt für die in ihrer Mutterlösung suspendierten Kristalle. Das mathematische Modell für die Massenkristallisation wird deshalb auf der Grundlage der Kristallzahlbilanzgleichung, die als modifizierte Kristallmassenbilanz aufzufassen ist, entwickelt.

4.1. Kristallzahlbilanzgleichung

Die Einführung der Kristallzahlbilanzgleichung in das mathematische Modell zur Beschreibung von Kristallisationsprozessen geht auf Todes [1] und Saeman [2] zurück. Die Theorie und praktische Anwendung der Teilchenzahlbilanzen sind in der Folgezeit durch Arbeiten von Randolph und Larson [3, 4, 6], Hulburt und Katz [5] und Todes [7, 8] besonders gefördert worden. In neuerer Zeit sind hierzu auch Veröffentlichungen von Kafarow [9, 10] erschienen.

Diese Bilanzgleichung hat denselben Charakter wie die allgemein bekannte Kontinuitätsgleichung der Strömungsmechanik. Zu ihrer Herleitung geht man von einem n-dimensionalen Bilanzraum R aus, der die drei Raumkoordinaten

y_1, y_2, y_3 und weitere Eigenschaftskoordinaten $y_4, y_5, \ldots, y_n$ besitzt. Die Eigenschaftskoordinaten sind die für den jeweiligen Prozeß interessierenden Charakteristika der Teilchen, z. B. die Lebensdauer von Mikroben, die in biochemischen Prozessen bedeutsam ist, Farbe und Form von Teilchen oder die Größe von Kristallen. Die Häufigkeit, mit der die verschiedenen Teilchen im Bilanzraum auftreten, wird durch die Anzahldichteverteilung n angegeben. Diese Funktion ist abhängig von allen Koordinaten des Bilanzraumes R. Die Gesamtmenge aller Teilchen in R ist gleich

$$N = \int_R n(y_i) \, \mathrm{d}R$$

Die zeitliche Änderung der Kristallzahl und ihrer Häufigkeitsverteilung wird durch die Ströme der Teilchen, die die Oberfläche O des Bilanzraumes durchdringen, verursacht.

$$\oint_O r_i n(y_i) \, \boldsymbol{i} \times \mathrm{d}O$$

$\boldsymbol{i}$ ist der senkrecht auf der Oberfläche O stehende Einheitsvektor. Die r_i stellen die Änderungsgeschwindigkeiten der Eigenschaften y_i dar.

$$r_i = \frac{\partial y_i}{\partial t}$$

Dabei sind $r_1 = v_1$, $r_2 = v_2$, $r_3 = v_3$ die Geschwindigkeitskomponenten der Teilchen im rechtwinkligen Koordinatensystem.

Die Teilchenzahlbilanzgleichung lautet nun:

$$\frac{\partial}{\partial t} \int_R n(y_i) \, \mathrm{d}R + \int_O r_i n(y_i) \, \boldsymbol{i} \times \mathrm{d}O = 0 \tag{4–1}$$

Durch die Anwendung des 1. Integralsatzes von Gauss läßt sich das Oberflächenintegral in ein Volumenintegral umwandeln:

$$\oint_O r_i n(y_i) \, \boldsymbol{i} \times \mathrm{d}O = \int_R \operatorname{div} [r_i n(y_i)] \, \mathrm{d}R$$

Beachtet man weiterhin, daß im Bilanzraum Kristalle durch kinetische Vorgänge entstehen oder verschwinden können und diese Vorgänge durch die beiden, später weiter zu spezifizierenden Funktionen B und D charakterisiert werden sollen, so ergibt sich

$$\int_R \left(\frac{\partial}{\partial t} n(y_i) + \operatorname{div} [r_i n(y_i)] + D - B \right) \mathrm{d}R = 0$$

Da der Kontrollraum willkürlich gewählt war, kann die Gleichung nur erfüllt sein, wenn der Integrand Null wird. Damit folgt die Teilchenzahlbilanzgleichung in differentieller Form

$$\frac{\partial n(y_i)}{\partial t} + \operatorname{div}\,[r_i n(y_i)] + D - B = 0$$

Für die Belange der Massenkristallisationstechnik ist vor allem die Kristallgröße L von Bedeutung.

$$\frac{\partial n(y_i, L, t)}{\partial t} + \operatorname{div}\,[\boldsymbol{v} n(y_i, L, t)] + \frac{\partial}{\partial L}\,[r_L n(y_i, L, t)] + D - B = 0 \qquad (4\text{–}2)$$

Gleichung (4–2) wird im folgenden als Grundlage der mathematischen Modellierung verschiedenartiger Kristallisationsprozesse benutzt.

Gegenwärtig ist es nicht möglich, die Strömungsvorgänge in realen Kristallisatoren vollständig zu beschreiben. Bei der weiteren Modellierung sollen deshalb nur Grenzfälle betrachtet werden: der Kristallisator mit ideal durchmischter Suspension und der Kristallisator mit Kolbenströmung. Abweichungen von diesem idealisierten Verhalten lassen sich durch geeignete Aufteilung des Gesamtsuspensionsvolumens in Teilvolumina, die jeweils als näherungsweise ideal durchmischt oder ideal entmischt angesehen und durch Kontaktbeziehungen miteinander verknüpft werden, annähern [11, 12]. Diese Problematik kann jedoch hier nicht weiter beschrieben werden.

4.1.1. Kristallisator mit ideal durchmischter Suspension

In einer ideal durchmischten Suspension hat die Flüssigkeit an allen Punkten des Kristallisators die gleiche Temperatur, Konzentration und Geschwindigkeit. Das Analoge gilt für die suspendierten Teilchen, die nach Menge und Größe gleichmäßig im Volumen verteilt sind. Unter diesen Umständen sind weder die Dichteverteilung n noch die Komponenten des Geschwindigkeitsvektors von den Ortskoordinaten abhängig, damit entfällt der zweite Summand in Gl. (4–2). Es ist jedoch zu beachten, daß es an der Berandung des ideal durchmischten Suspensionsvolumens durch zu- und abströmende Lösung oder Suspension zu einer Beeinflussung der Kristallzahlbilanz kommt, die durch den Summanden

$$\sum_{i=1}^{k} \frac{\dot{V}_i}{V_{SB}} \eta_i$$

auf der linken Seite von Gl. (4–2) zu berücksichtigen ist. $\dot{V}_i$ ist ein Suspensionsvolumenstrom, der mit Kristallen der Verteilung η_i beladen ist. Eintretende Ströme sind mit negativem, austretende mit positivem Vorzeichen zu kennzeichnen. Gleichung (4–2) lautet dann:

$$\frac{\partial n(L, t)}{\partial t} + \frac{\partial}{\partial L}\,[r_L n(L, t)] + D - B \pm \sum_{i=1}^{n} \frac{\dot{V}_i}{V_{SB}} \eta_i = 0 \qquad (4\text{–}3)$$

Gleichung (4–3) gilt nur, wenn das Bezugssuspensionsvolumen V_{SB} von n keine Funktion der Zeit ist, anderenfalls wird aus dem ersten Summanden mit

$$n(L, t) = \frac{\nu(L, t)}{V_{SB}}$$

$$\frac{\partial n}{\partial t} = \nu \frac{\partial V_{SB}^{-1}}{\partial t} + V_{SB}^{-1} \frac{\partial \nu}{\partial t}$$

$$= -\frac{\nu}{V_{SB}^2} \frac{\partial V_{SB}}{\partial t} + V_{SB}^{-1} \frac{\partial \nu}{\partial t} = V_{SB}^{-1} \frac{\partial \nu}{\partial t} - n \frac{\partial \ln V_{SB}}{\partial t}$$

und es folgt

$$V_{SB}^{-1} \frac{\partial \nu(L, t)}{\partial t} - n(L, t) \frac{\partial \ln V_{SB}}{\partial t} + \frac{\partial}{\partial L} [r_L n(L, t)] + D - B \pm \sum_{i=1}^{k} \frac{\dot{V}_i}{V_{SB}} \eta_i = 0 \quad \text{(4–3a)}$$

Der zweite Summand in Gl. (4–3) liefert hierbei keinen Beitrag, da V_{SB} nicht wesentlich von L abhängt. Diese Gleichung wird häufig als Basis moderner Kristallisatormodellierung angesehen.

4.1.2. *Kristallisator mit Kolbenströmung*

Die Kolbenströmung ist dadurch gekennzeichnet, daß in der Hauptströmungsrichtung keine Durchmischung auftritt, während die Suspension quer zu ihr ideal durchmischt ist. Wird als Koordinate in Strömungsrichtung z gewählt, so folgt aus Gl. (4–2) bei unveränderlichem Suspensionsvolumen

$$\frac{\partial n(z, L, t)}{\partial t} + \frac{\partial}{\partial z} [V_z n(z, L, t)] + \frac{\partial}{\partial L} [r_L n(z, L, t)] + D - B = 0 \quad \text{(4–4)}$$

Zu- und ablaufende Suspensionsströme sind im vorliegenden Fall über die Randbedingungen zu berücksichtigen. Die Kristallisation mit veränderlichem Suspensionsvolumen wird nach folgender Gleichung behandelt:

$$\frac{\partial n(z, L, t)}{\partial t} - n(z, L, t) \frac{\partial \ln V_{SB}}{\partial t} + \frac{\partial}{\partial z} [V_z n(z, L, t)] + \frac{\partial}{\partial L} [r_L n(z, L, t)] + D - B = 0 \quad \text{(4–4a)}$$

Ihre spezielle Anwendung erfolgt im Kap. 5.4.

Nachdem die Kristallzahlbilanzgleichungen formuliert sind, soll der Einfluß der im Kristallisator ablaufenden Vorgänge auf die Häufigkeitsverteilung der suspendierten Teilchen untersucht werden.

4.2. Einfluß wesentlicher Mechanismen auf die Kristallhäufigkeitsverteilung

4.2.1. *Kristallwachstumsgeschwindigkeit*

Als Kristallwachstumsgeschwindigkeit wird hier der flächen- und zeitbezogene Massenzuwachs bezeichnet, der als Mittelwert über die gesamte Kristalloberfläche der Suspension oder zumindest einer Kornklasse anzusehen ist:

$$\frac{1}{O}\frac{\mathrm{d}m}{\mathrm{d}t} = r_W = K_W(x - x_S)^m \tag{4–5}$$

Diesem mittleren flächenbezogenen Massenzuwachs entspricht der häufiger verwendete mittlere lineare Größenzuwachs:

$$\frac{\mathrm{d}L}{\mathrm{d}t} = r_L = \frac{\beta}{3\alpha\varrho_K} r_W = K_L(x - x_S)^m \tag{4–6}$$

In dieser Form wird die Kristallwachstumsgeschwindigkeit in den Bilanzgleichungen verwendet.

Wie bereits in Kap. 2.3.2. ausführlich erläutert, hängt die Wachstumsgeschwindigkeit in den meisten Fällen auch von der Kristallgröße ab. Dann muß Gl. (4–6) noch eine weitere Funktion hinzugefügt werden [13]. Weite Verbreitung hat der von Abegg [14] formulierte Ausdruck gefunden:

$$r_L = K_L(x - x_S)^m (1 + a_1L)^{a_2} \tag{4–7}$$

Er eignet sich besonders, das beschleunigte Wachstum größerer Kristalle gegenüber kleineren zu beschreiben. In diesem Falle nimmt der Exponent a_2 Werte zwischen 0 und 1 an. Auch kleine Kristalle wachsen unterschiedlich schnell. Da unter dem Einfluß der Oberflächenspannung die Gleichgewichtskonzentration kleinerer Kristalle nach Gibbs-Thomson steigt, sinken die effektiv wirkende Triebkraft und die Wachstumsgeschwindigkeit bis zum Wert Null für den kritischen Kristallkeim. Für diese Kristalle gilt dann

$$r_L = K_L\left[x - x_S \exp\left(\frac{\Gamma}{L}\right)\right]^m \tag{4–8}$$

Nach neueren Kenntnissen [15—20] wirkt jedoch bei kleinen Kristallen noch eine weitere Wachstumshemmung, die auch Kristalle betrifft, bei denen die Oberflächenspannung keinen wesentlichen Einfluß mehr besitzt. Die Ursachen dieses Effektes sind noch nicht eindeutig geklärt. Für diesen Fall wird folgendes Modell vorgeschlagen [21]:

$$r_L = K_L\left[x - x_S \exp\left(\frac{\Gamma}{L}\right)\right]^m \frac{L - a_3}{L + a_4} \tag{4–9}$$

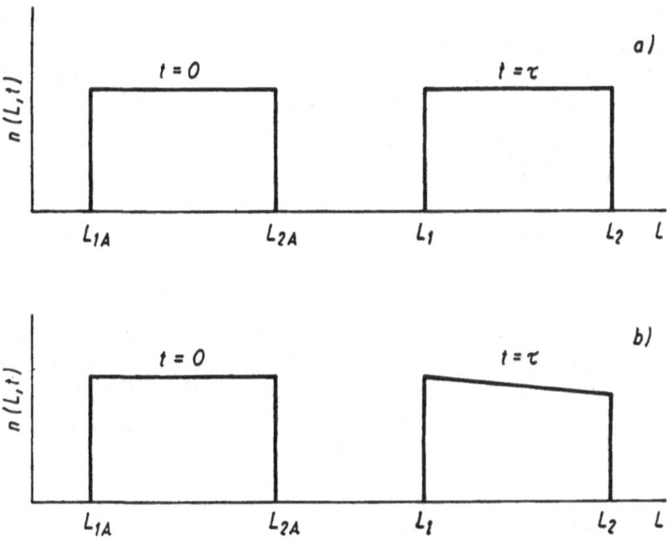

Abb. 4–1. Einfluß der Kristallwachstumsgeschwindigkeit auf die Kristallhäufigkeitsverteilung

Den Einfluß der Kristallwachstumsgeschwindigkeit auf die Verteilungsdichte von Kristallen soll folgendes Beispiel verdeutlichen: Es wird ein Kristallisat mit der in Abb. 4–1 dargestellten Verteilungsdichte in einen Kristallisator gegeben, in dem die Temperatur und die Konzentration während des Kristallisationsprozesses konstant bleiben. Ideale Durchmischung der Suspension ist vorausgesetzt, Kristallkeime sollen nicht entstehen. Nach Verlauf der Zeit τ wird das Kristallisat von der Lösung getrennt. Für diesen Kristallisationsvorgang vereinfacht sich Gl. (4–3) zu

$$\frac{\partial n(L, t)}{\partial t} + \frac{\partial}{\partial L}\left[r_L n(L, t)\right] = 0 \qquad (4\text{–}10)$$

Anfangsbedingungen:

$$L = L_A \quad \text{und} \quad n(L, t) = n(L_A, 0) = \frac{1}{L_{2A} - L_{1A}} \quad \text{bei} \quad t = 0$$

Wenn die Kristallwachstumsgeschwindigkeit nicht von der Kristallgröße abhängt, ist die Lösung

$$n(L, \tau) = \frac{1}{L_2 - L_1}$$

$$L = r_L \tau + L_A,$$

d. h., daß die Anfangsverteilung $n(L_A)$, wie aus Abb. 4–1a ersichtlich, lediglich um die Strecke $\Delta L = r_L \tau$ auf der L-Achse verschoben wurde.

Hängt die Kristallwachstumsgeschwindigkeit nach Gl. (4–7) von der Kristallgröße ab, ist die Lösung unter sonst gleichen Bedingungen

$$n(L, \tau) = n(L_A, O) \left(\frac{1 + a_1 L_A}{1 + a_1 L}\right)^{a_2}$$

$$L = \frac{1}{a_1} \left\{ [(1 + a_1 L_A)^{a_2} + K_L (x - x_S)^m a_1 (1 - a_2) \tau]^{\frac{1}{1-a_2}} - 1 \right\} \quad (4\text{–}11)$$

$$a_2 \neq 1$$

In Abb. 4–1b ist dargestellt, wie ein korngrößenabhängiges Wachstum die Kristallgrößenverteilung beeinflußt. Anhand der Rechteckverteilung ist zu sehen, daß die Verteilungsdichte sich verformt, sie wird breiter, flacher, und ihre obere Begrenzung bekommt einen leicht negativen Anstieg, wenn die Wachstumsgeschwindigkeit mit der Kristallgröße ansteigt.

4.2.2. Keimbildungsgeschwindigkeit

Die Funktion B, die unter anderem den Einfluß der Keimbildung auf die Kristallgrößenverteilung im Kristallisator beschreibt, setzt sich aus zwei Faktoren zusammen: der Keimbildungsgeschwindigkeit und der Größenverteilung der Kristallkeime. Die Mechanismen der Keimbildung sind bereits im Kap. 2.3.1. ausführlich behandelt worden. Die Keimgrößenverteilung ψ ist von der Art der Keimbildung abhängig. Für die Primärkeimbildung gilt die Impulsfunktion

$$\psi = \delta(L - L_K), \quad (4\text{–}12)$$

d. h., alle gebildeten Kristalle sind erst dann als Keime anzusehen, wenn sie die kritische Größe L_K erreicht haben.

Für die Sekundärkeimbildung (s. Kap. 2.3.1.3.) kann eine solche Bedingung nicht gelten [22]. Diese Art der Kristallkeime entstehen durch unterschiedliche Mechanismen: Abtrennen von kleinen am Mutterkristall entstandenen Kristalliten durch mechanische Einflüsse der Flüssigkeit oder benachbarter Kristalle und Kristallzerstörung durch den Zusammenstoß mit dem Rührer oder anderen Kristallisatorbauteilen. Die dabei gebildeten Teilchen können unterschiedlich groß sein und entstehen nicht mit gleicher Häufigkeit. Bujac [23] fand z. B., daß die Anzahl der kleineren Keimkristalle, die pro Zeiteinheit gebildet wurden, mit einer höheren Potenz von der Menge der Mutterkristalle abhängt, als die der größeren. Bei der hier beschriebenen Betrachtungsweise wird vorausgesetzt, daß die Häufigkeitsverteilung der Mutterkristalle durch die Keimbildung nicht wesentlich verändert wird. Diese Voraussetzung stimmt bei nicht zu starken mechanischen Beanspruchungen der Kristalle auch gut mit der Realität überein. Untersuchungen zur diskontinuierlichen Kristallisation lassen die Schlußfolgerung zu, daß die Größenverteilung der Sekundärkeime durch eine einfache Exponentialverteilung näherungsweise beschreibbar ist [21]:

$$\psi = \frac{1}{\mu} \exp\left(-\frac{L - L_K}{\mu}\right) \tag{4–13}$$

μ – Mittelwert der gebildeten Keime.

Für die Quellfunktion kann man also schreiben:

$$\begin{aligned} B &= r_N \psi \\ r_N &= K_N (x - x_S)^n \end{aligned} \tag{4–14}$$

Zur Illustration des Einflusses der Keimbildung auf eine Produktverteilung soll folgender Modellfall untersucht werden. Zur Zeit $t = 0$ befindet sich in einem Kristallisator eine bestimmte Menge größerer Kristalle, so daß sekundäre Keimbildung möglich ist. Es wird ausschließlich der Teil der Kristalle betrachtet, der innerhalb der Verweilzeit τ durch Keimbildung entstanden ist. Die Gleichung, die das Verhalten der Häufigkeitsverteilung der Kristalle unter diesen Bedingungen beschreibt, lautet:

$$\frac{\partial n(L, t)}{\partial t} + r_L \frac{\partial n(L, t)}{\partial L} = r_N \psi \tag{4–15}$$

Vorausgesetzt wird, daß die Wachstumsgeschwindigkeit der Kristalle nicht von ihrer Größe und der Zeit abhängt. Die Anfangsbedingungen lauten:

$$L = L_N \quad \text{bei} \quad t = 0$$

$$n(L_N, t) = \frac{r_N t}{\mu}$$

Damit ergibt sich folgende Lösung:

$$n(L, t) = \frac{r_N t}{\mu} + \frac{r_N}{r_L} \left\{ \exp\left(-\frac{L - r_L t - L_K}{\mu}\right) - \exp\left(-\frac{L - L_K}{\mu}\right) \right\} \tag{4–16}$$

In Abb. 4–2 ist diese Funktion aufgetragen. In dem dargestellten Beispiel prägt die Häufigkeitsverteilung der Keime dem Kristallisationsprodukt deutlich seine Form auf.

4.2.3. *Kristallzerstörung*

Zum Unterschied zur Sekundärkeimbildung wird bei der Kristallzerstörung auch die ursprüngliche Korngrößenverteilung merklich verändert. Kristallzerstörung im Kristallisator ist meistens unerwünscht, aber nicht völlig vermeidbar. Besonders betroffen sind nadel- oder plattenförmige Kristalle, Kristallagglomerate und weniger feste Kristalle. Auch kompaktere Kristallformen werden merklich in Mitleidenschaft gezogen, wenn der Rührer oder die Suspensionspumpe ungünstig ausgelegt sind. Es bilden sich unter solchen Umständen kugel- oder ellipsoidartige Körperformen aus.

Die Kristallzerstörung stellt eine Kombination des Zerstörungsvorganges D_Z und des Entstehungsvorganges B_Z dar. Die ursprünglich vorhandenen Kristalle werden mit einer bestimmten Wahrscheinlichkeit zerstört und nach einer Zerfallsfunktion, die von den Eigenschaften des Stoffes und den übrigen Zerstörungsbedingungen abhängt, in neue Teilchen aufgespalten [6, 24].

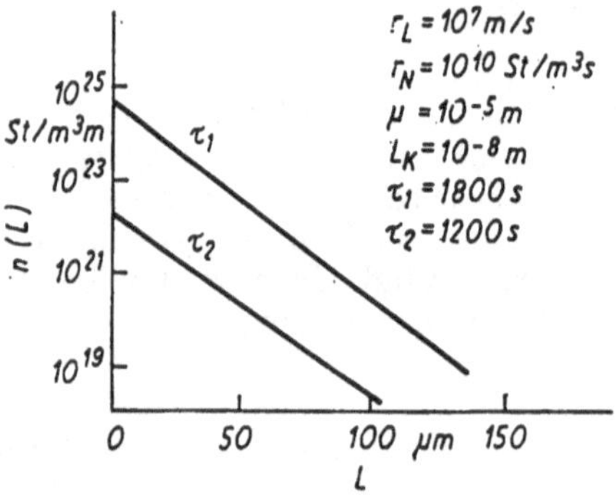

Abb. 4-2. Häufigkeitsverteilung eines in einem diskontinuierlichen Kristallisationsprozeß bei r_L = const und r_N = const entstandenen Kristallisates

Der Zerstörungsprozeß ist abhängig von der Häufigkeit, mit der Kristalle einer bestimmten Größe pro Volumeneinheit der Suspension vorliegen, d. h. von der Anzahldichteverteilung $n(L, t)$. Dabei werden gröbere Kristalle wegen ihrer großen Trägheit stärker belastet als kleinere, so daß die Zerstörungswahrscheinlichkeit einer Potenz der Teilchengröße proportional ist. Der Proportionalitätsfaktor stellt einen Koeffizienten dar, der in sehr komplexer Weise von den Eigenschaften des Kristallisators (Korngröße, Kornform, Oberflächenbeschaffenheit, Stoffeigenschaften) und den Betriebsbedingungen (Kristallisatorform, Arbeitsweise des Rührers oder der Pumpe, deren Werkstoff, hydrodynamische Vorgänge, Feststoffgehalt in der Suspension, Stoffeigenschaften der Lösung) abhängt. Die Zerstörungsfunktion kann in folgender Form geschrieben werden:

$$\begin{aligned} D_Z &= n(L, t)\, g(L) \\ &= K_Z n(L, t)\, L^{a_1} \end{aligned} \qquad (4\text{–}17)$$

Der Entstehungsvorgang ist die direkte Folge der Kristallzerstörung. Größe und Häufigkeit der Bruchstücke, die während eines Zerfallvorganges aus dem Ursprungskristall L_1 entstehen, werden durch die Zerfallsfunktion $b(L_1; L_2)$ angegeben. Alle bei der Zerstörung von Kristallen größer L entstehenden Bruchstücke werden demzufolge durch die Funktion $b(L_1, L_2)$ ihren Größenklassen zugeordnet. Mit der Integration des Produktes der Zerfalls- und der Zerstörungsfunktion über die Teilchengröße L_1, von L_K an, werden alle durch das Zerbrechen größerer Kristalle entstehenden neuen Teilchen erfaßt.

$$\int_0^L B_Z \, \mathrm{d}L = \int_0^L \int_{L_K}^{\infty} b(L_1, L_2) \, K_Z L_1^{a_1} n(L_1) \, \mathrm{d}L_1 \, \mathrm{d}L_2 \tag{4–18}$$

Bevor die Zerfallsfunktion formuliert werden kann, muß ein geeignetes physikalisches Modell für den Zerfallsvorgang entwickelt werden. Der reale Zerfallsprozeß ist dadurch gekennzeichnet, daß Teilchen einer Größe, auch unter etwa gleichen Bruchbedingungen in Stücke unterschiedlicher Größe und Anzahl zerfallen. Die Komplexität des Vorganges nimmt zu, wenn zur gleichen Zeit Kristalle unterschiedlicher Größe unterschiedlich stark zerstört werden. Um dieser Schwierigkeit zu entgehen, wird jeder reale Bruchvorgang als eine Folge von einfachen Zerfallsprozessen betrachtet, deren Resultat zwei neue Teilchen sind, die wiederum zerbrechen können. Dieses Modell stellt keine wesentliche Einschränkung dar. Hierdurch wird die Multiplizität des Bruchvorganges lediglich in eine erhöhte Bruchhäufigkeit umgewandelt. Bei dem angewandten Modell wird allerdings vorausgesetzt, daß die Zerfallsfunktion als näherungsweise glatt angesehen werden kann. Sie muß Auskunft darüber geben, mit welcher Wahrscheinlichkeit Teilchen einer bestimmten Größe entstehen. Denkbar wären folgende Fälle:

1. Es wird vorausgesetzt, daß alle Teilchengrößen zwischen dem zerstörten Korn L_1 und dem Wert 0 gleichwahrscheinlich entstehen können. Die Zerfallsfunktion ist dann eine Rechteckverteilung folgender Form:

$$b(L_1, L_2) = \frac{2}{L_1} \tag{4–19}$$

Der Faktor 2 muß in die Gleichung aufgenommen werden, da bei jedem Bruchvorgang vereinbarungsgemäß zwei neue Teilchen entstehen.

2. Es wird angenommen, daß bei jedem Bruch zwei Teilchen gleicher Größe gebildet werden. Die Zerfallsfunktion muß unter diesen Umständen einem Dirac-Impuls entsprechen.

$$b(L_1, L_2) = 2\delta\left(L_2 - \frac{L_1}{2}\right) \tag{4–20}$$

3. Verläuft der Bruchvorgang so, daß vom Ursprungskristall nur sehr kleine Stücke abgeschlagen werden und sich dessen Größe nur unwesentlich ändert, dann hat die Zerfallsfunktion eine U-Form, die z. B. durch eine Betafunktion beschrieben werden kann:

$$b(L_1, L_2) = 2\,\frac{\Gamma(a_2 + a_3)}{\Gamma(a_2)\,\Gamma(a_3)} \left(\frac{L_1 - L_2}{L_1}\right)^{a_2 - 1} \left(\frac{L_2}{L_1}\right)^{a_3 - 1} \tag{4–21}$$

$$a_2 < 1; \qquad a_3 < 1$$

Γ symbolisiert die Gammafunktion. Welche Zerfallsfunktion zur Beschreibung der Kristallzerstörungsvorgänge am besten geeignet ist, kann bei dem gegenwärtigen Erkenntnisstand nicht angegeben werden.

Für einen stationären Kristallisationsprozeß, der in ideal durchmischter Suspension ohne Feinkornabscheidung und Produktkornklassierung abläuft, bei dem aber Kristallzerstörungsvorgänge merklichen Einfluß besitzen, kann die Kristallzahlbilanzgleichung folgendermaßen formuliert werden:

$$\frac{\mathrm{d}[r_L n(L)]}{\mathrm{d}L} = r_N \psi(L) - \frac{n(L)}{\tau} + K_Z \int\limits_L^\infty b(L_1, L)\, L_1^{a_1} n(L_1)\, \mathrm{d}L_1 - K_Z L^{a_1} n(L) \quad (4\text{–}22)$$

Wird die Zerfallsfunktion durch eine Rechteckverteilung nach Gl. (4–19) repräsentiert, kann die Beziehung (4–22) in eine gewöhnliche lineare Differentialgleichung zweiter Ordnung umgewandelt werden:

$$r_L \frac{\mathrm{d}^2 n(L)}{\mathrm{d}L^2} = r_N \frac{\mathrm{d}\psi(L)}{\mathrm{d}L} - \frac{\mathrm{d}n(L)}{\mathrm{d}L} \left\{\frac{1}{\tau} + L^{a_1}\right\} - n(L)\, K_Z L^{a_1-1}[a_1 + 2] \quad (4\text{–}23)$$

Mit den Anfangsbedingungen

$$n(L_K) = \frac{r_N}{r_L}$$

$$\frac{\mathrm{d}n(L_K)}{\mathrm{d}L} = -\frac{n(L_K)}{r_L \tau} + \frac{2K_Z}{r_L} \int\limits_{L_K}^\infty L_1^{a_1-1} n(L_1)\, \mathrm{d}L_1$$

und der Häufigkeitsverteilung der Keime

$$\psi(L) = \delta(L - L_K)$$

ergeben sich Lösungsfunktionen, wie sie in Abb. 4–3 anhand eines Beispiels dargestellt sind. Es ist deutlich zu erkennen, in welcher ungünstigen Art Kornzerstörungsvorgänge den Grobkornanteil der Kristallhäufigkeitsverteilung vermindern und den Feinkornanteil ansteigen lassen. Die übrigen vorgeschlagenen Ansätze für die Zerstörungsfunktion führen zu prinzipiell ähnlichen Ergebnissen.

4.2.4. *Agglomeration*

Unter bestimmten Bedingungen treten während des Kristallisationsprozesses Agglomerationserscheinungen auf, die zu einer wesentlichen Veränderung der Kristallgrößenverteilung führen können. Über Agglomerationsuntersuchungen im Laboratoriumsmaßstab ist bereits in Kap. 2.3.3.2. berichtet worden. Im folgenden wird ein Modell eingeführt, das den Einfluß der Kristallagglomera-

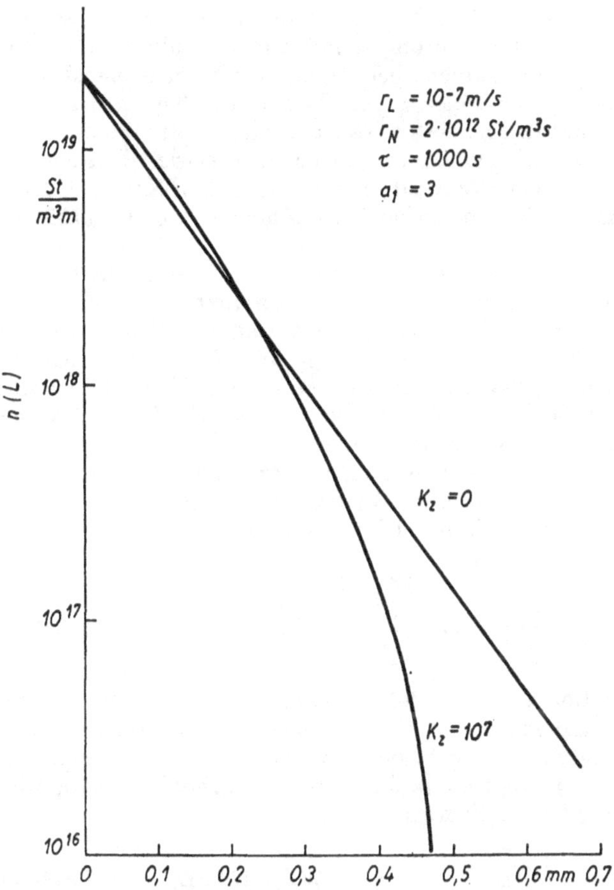

Abb. 4–3. Einfluß der Kristallzerstörung auf die Häufigkeitsverteilung

tionsgeschwindigkeit auf die Kristallgrößenverteilung beschreibt [6, 25]. Die Grundlage bildet dabei die Vorstellung, daß jeder Agglomerationsprozeß als eine Kette von Zweikornzusammenlagerungen angesehen werden kann. Eine weitere Modellvereinfachung ist aus dem folgenden Grunde notwendig: Beide Kristalle können entsprechend ihrer Körperform auf unterschiedliche Weise miteinander verwachsen, so daß nadelförmige, flächenhafte oder kompakte Gebilde entstehen. Da nadelförmige und flächenhafte Agglomerate mechanisch sehr instabil sind, wird angenommen, daß sich nur kompakte Agglomerate bilden. Darüber hinaus wird vorausgesetzt, daß alle Agglomerate etwa die gleiche Form und somit die gleichen Formfaktoren haben. Damit ist verständlich, daß die folgenden Betrachtungen nur für Kristallisations- bzw. Agglomerationsprozesse gelten können, bei denen durch ausreichend hohe mechanische Beanspruchung der Teilchen eine Vergleichmäßigung der Form erfolgt. In allen anderen Fällen sind sie als Näherungen zu betrachten.

Das Zusammenlagern von Kristallen wirkt sich in zweierlei Hinsicht auf deren Häufigkeitsverteilung aus. Während die ursprünglichen Kristalle ihrem Größenbereich entzogen werden, bereichern die Agglomerate die größeren Fraktionen.

Die Wahrscheinlichkeit, mit der zwei Kristalle der Größen L_1 und L_2 zu einem Körper der Masse m agglomerieren, ist dem Produkt der Häufigkeiten $n(L_1)$ und $n(L_2)$, mit denen diese Kristalle vorliegen, und den Wahrscheinlichkeiten ihrer Neigung zur Agglomeratbildung $p(L_1)$ und $p(L_2)$ proportional.

Mit Hilfe der integralen Teilchenzahlbilanz für einen Bilanzbereich, der sich zwischen Teilchen der Größe L_K und L erstreckt, soll der Einfluß der Agglomeration auf die Teilchengrößenverteilung beschrieben werden.

In den Bilanzbereichen gelangen von außen durch Agglomeration keine Teilchen. Es entstehen jedoch aus dem Bilanzvorrat Agglomerate, die im Bilanzbereich bleiben, wodurch sich die Teilchenzahl ändert.

$$\int_0^L B_A \, \mathrm{d}L = \frac{1}{2} K_A \int_0^L n(L_1)\, p(L_1) \int_0^{(L^3 - L_1^3)^{1/3}} n(L_2)\, p(L_2)\, \mathrm{d}L_2 \, \mathrm{d}L_1 \tag{4-24}$$

Infolge der Agglomeration verlassen den Kontrollbereich Teilchen, die mit größeren agglomerieren und solche, die sich mit einem anderen aus dem Kontrollbereich zusammenlagern, so daß beide entweder den Bilanzbereich verlassen oder, wenn sie klein genug sind, in ihm verbleiben. Dieser Vorgang wird durch folgende Beziehung beschrieben:

$$\int_0^L D_A \, \mathrm{d}L = K_A \int_0^L n(L_1)\, p(L_1) \int_0^\infty n(L_2)\, p(L_2)\, \mathrm{d}L_2 \, \mathrm{d}L_1 \tag{4-25}$$

Die Zuordnung der Teilchen zu den charakteristischen Größen L_i wird nach folgender Gleichung vorgenommen:

$$L_i = \left(\frac{m_i}{\alpha \varrho_K}\right)^{\frac{1}{3}}$$

Der Volumenfaktor des Agglomerates wird hier in starker Vereinfachung des wahren Sachverhaltes konstant gesetzt. Außerdem soll gelten

$$L^3 = L_1^3 + L_2^3 \tag{4-26}$$

Durch einmalige Ableitung der Gln. (4-24) und (4-25) nach der Kristallgröße L entsteht ein Ausdruck, der direkt in die allgemeine Bilanzgleichung übernommen werden kann:

$$B_A - D_A = K_A \left\{ n(L)\, p(L) \int_0^\infty n(L_1)\, p(L_1)\, \mathrm{d}L_1 - \frac{1}{2} \int_0^L n(L_1)\, p(L_1) \right.$$

$$\left. \times\, n\big((L^3 - L_1^3)^{1/3}\big)\, p\big((L^3 - L_1^3)^{1/3}\big) \frac{L^2}{(L^3 - L_1^3)^{2/3}}\, \mathrm{d}L_1 \right\} \qquad (4\text{–}27)$$

Die Funktionen $p(L_1)$ und $p(L_2)$, die die Wahrscheinlichkeit angeben, mit der Kristalle der Größe L_i agglomerieren, sind z. Z. als Arbeitshypothesen zu betrachten. Im einfachsten Fall agglomerieren alle Kristalle gleichermaßen, d. h., die Agglomerationswahrscheinlichkeit ist eine Konstante.

$$p(L_i) = a_1 \qquad a_1 \leqq 1 \qquad (4\text{–}28)$$

Ist die Agglomerationswahrscheinlichkeit der kleinen Kristalle gegenüber den großen deutlich überbetont, könnte $p(L_i)$ zum Beispiel durch eine einfache Exponentialfunktion beschrieben werden:

$$p(L_i) = a_2 \exp\left(-\frac{L_i}{\bar{L}_A}\right) \qquad a_2 \leqq 1 \qquad (4\text{–}29)$$

$\bar{L}_A$ ist ein Parameter dieser Funktion, der größer als L_K sein muß. Je mehr sich $\bar{L}_A$ L_K nähert, um so stärker werden die Kristalle kleiner $\bar{L}_A$ gewichtet.

4.2.5. *Feinkornabtrennung*

Ob durch einen Kristallisationsprozeß ein grobkörniges Gut erzeugt werden kann oder nicht, hängt unter anderem von der Zahl der Kristalle ab, die pro Zeiteinheit gebildet werden, also von der Keimbildungsgeschwindigkeit. Werden viele Keime gebildet, so reicht der aus der Lösung abgeschiedene Feststoff nicht aus, damit alle bis zur gewünschten Größe wachsen können. Die Keimbildungsgeschwindigkeit in industriellen Kristallisatoren ist gewöhnlich zu groß; ihrem Einfluß kann man durch rechtzeitiges Abscheiden eines größeren Teils der gebildeten Keime entgegenwirken, so daß die effektive Keimbildungsgeschwindigkeit auf das gewünschte Maß gesenkt wird. Bei der Modellierung ist zu beachten, daß die abgetrennten Feinkorne eine Verteilungsdichte $n_F(L, t)$ haben, die von der im Kristallbett des Kristallisators vorliegenden Verteilung und einer Abscheidefunktion $p_F(L)$ folgendermaßen abhängt [26, 27, 6]:

$$n_F(L, t) = p_F(L)\, n(L, t) \qquad (4\text{–}30)$$

Die Wirkungsweise der Feinkornabscheidevorrichtung spiegelt sich in dieser Abscheidefunktion wider. Der Feinkornabscheider ist meist ein Gegenstromklassierer, in dem sehr kleine Geschwindigkeiten auftreten. Die Abscheidefunktion von Gegenstromklassierstrecken kann z. B. in guter Näherung, so haben Versuche mit größeren Teilchen gezeigt, durch folgende Funktion ausgedrückt werden:

$$\begin{aligned} p_F &= 1 & & L < L_{Fu} \\ p_F &= a_1 - a_2 L & & L_{Fu} \leqq L \leqq L_{Fo} \\ p_F &= 0 & & L > L_{Fo} \end{aligned} \tag{4-31}$$

In die Kristallzahlbilanzgleichung geht die Feinkornabtrennung mit der mittleren Verweilzeit der abzuscheidenden Kristalle τ_F in folgender Form ein:

$$\frac{\mathrm{d}r_L n(L)}{\mathrm{d}L} = r_N \psi(L) - \frac{n(L)}{\tau} - \frac{n_F(L)}{\tau_F} \tag{4-32}$$

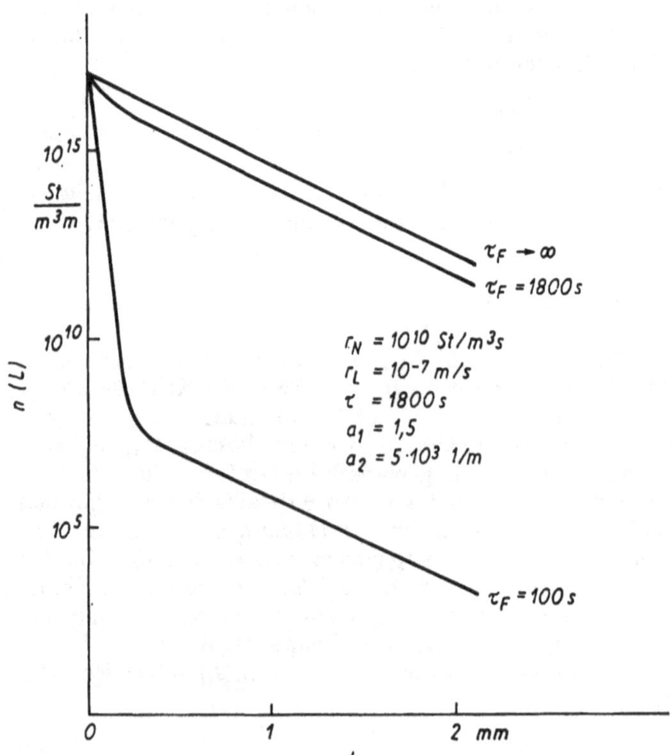

Abb. 4–4. Veränderung der Kristallhäufigkeitsverteilung durch die Wirkung der Feinkornabscheidung

r_1 und r_2 sind durch die Gln. (4–14) und (4–8) definiert. Es gilt die Anfangsbedingung

$$n(L_K) = \frac{r_N}{r_L}$$

mit

$$\psi(L) = \delta(L - L_K)$$

Die in Abb. 4–4 aufgetragenen Lösungen von Gl. (4–32) machen deutlich, daß eine merkliche Beeinflussung der Produktverteilung erst bei Abscheidegeschwindigkeiten einsetzt, die in der Größenordnung der Keimbildungsgeschwindigkeiten liegt. Daraus ergeben sich erhebliche Anforderungen an den Feinkornabscheider.

An dieser Stelle soll ausdrücklich darauf hingewiesen werden, daß die in dieser Abbildung dargestellten Verteilungen alle bei derselben Übersättigung entstehen.

4.2.6. Produktkornklassierung

Klassiervorrichtungen, sowohl äußere als auch innere, sollen bewirken, daß nur Kristalle, die größer als ein vorgegebenes Grenzkorn sind, den Kristallisator verlassen. Bei der Modellierung ist zu beachten, daß es keine Klassiervorrichtungen gibt, die eine vollständige Abtrennung bis zur Grenzkorngröße erreichen. Die Unschärfe in der Klassierwirkung ist durch eine geeignete Abscheidefunktion $p_K(L, t)$ zu berücksichtigen [26, 28, 6]. Diese Funktion hängt sowohl von der Art der Klassiereinrichtung als auch von deren Zusammenwirken mit dem Kristallisator zusammen. Die Klassiervorrichtungen, insbesondere Gegenstromklassierer, sind auf bestimmte hydrodynamische Bedingungen im Kristallisator eingestellt. Verändern sich diese Bedingungen, funktioniert der Gegenstromklassierer unter Umständen nicht mehr.

In die Kristallzahlbilanz geht der Prozeß der inneren Produktkornklassierung auf folgende Art ein:

$$\dot{n}_p = \frac{n(L)\, p_K(L)}{\tau} \tag{4–33}$$

Für eine sehr einfache Klassiereinrichtung, ein zylindrisches Rohr, das im Gegenstrom zu den austretenden Kristallen von klarer Lösung durchströmt wird, kann die Abscheidefunktion durch nachfolgende Gleichung näherungsweise beschrieben werden [29]:

$$p_K(L) = 0 \qquad L < L_T$$

$$p_K(L) = \frac{L}{\bar{L}_T} - \frac{L_T}{\bar{L}_T} \tag{4–34}$$

L_T ist die Trennkorngröße, d. h., Kristalle kleiner als L_T werden nicht aus dem Kristallisator austreten. Der Parameter $\bar{L}_T$ ist größer als L_T und wächst mit der Verbreiterung des Bereiches, in dem die Kristalle sowohl abgetrennt als auch im Kristallisator zurückgehalten werden können.

Die Auswirkung einer Vorrichtung zur Gegenstromklassierung auf die Verteilungsdichte des Kristallbettes soll nun untersucht werden. Betrachtet wird ein kontinuierlicher Kristallisator mit Produktklassierungen und Feinkornabscheidung, der bei konstanter Temperatur und Übersättigung arbeitet. Die Teilchenzahlbilanzgleichung für diesen Prozeß lautet:

$$\frac{\mathrm{d}[r_L n(L)]}{\mathrm{d}L} = r_N \psi(L) - \frac{n(L)\, p_K(L)}{\tau} - \frac{n(L)\, p_F(L)}{\tau_F} \tag{4-35}$$

Einige ausgewählte Lösungen der Gl. (4–35) sind in Abb. 4–5 dargestellt. Sie zeigen das charakteristische Bild der Häufigkeitsverteilung von Kristallen, die in einem Kristallisator mit ideal durchmischter Suspension, Feinkornabscheidung und Produktklassierung das Kristallbett bilden. Zum Vergleich ist in Abb. 4–6 die in einem halbtechnischen Kristallisator experimentell gefundene Häufigkeitsverteilung dargestellt. Im Feinkornbereich sinkt die Häufigkeitsverteilung infolge der Wirkung der Feinkornabscheidung schnell ab, bleibt im Mittelteil konstant und fällt wegen des Produktaustrages im

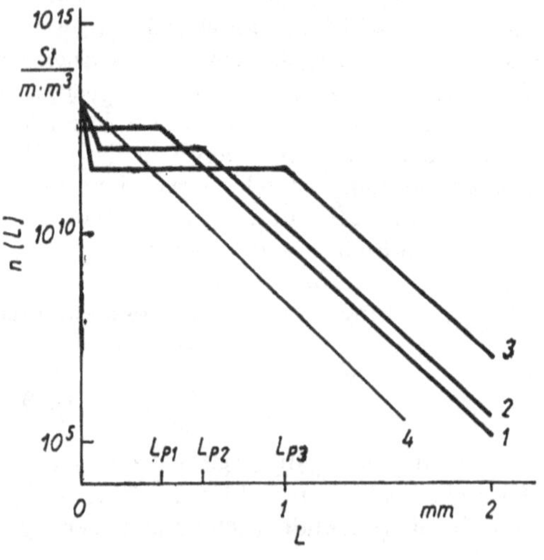

Abb. 4–5. Veränderung der Kristallhäufigkeitsverteilung durch den Einfluß von Feinkornabscheidung und Produktkornklassierung

	1	2	3	4	
r_L	2,4	2,4	2,3	2,4	10^7 m s^{-1}
r_N	5,0	4,9	4,7	4,8	10^{-8} St · m^{-4}
τ	380	379	380	380	s
τ_F	30	180	60	∞	s
L_F	0,01	0,1	0,05	0	mm
L_P	0,4	0,6	1,0	0	mm

Bereich der großen Kristalle erneut ab. Die Häufigkeitsverteilung der Produktkristalle entspricht im vorliegenden Beispiel dem rechten abfallenden Teil der Verteilung des Kristallbettes.

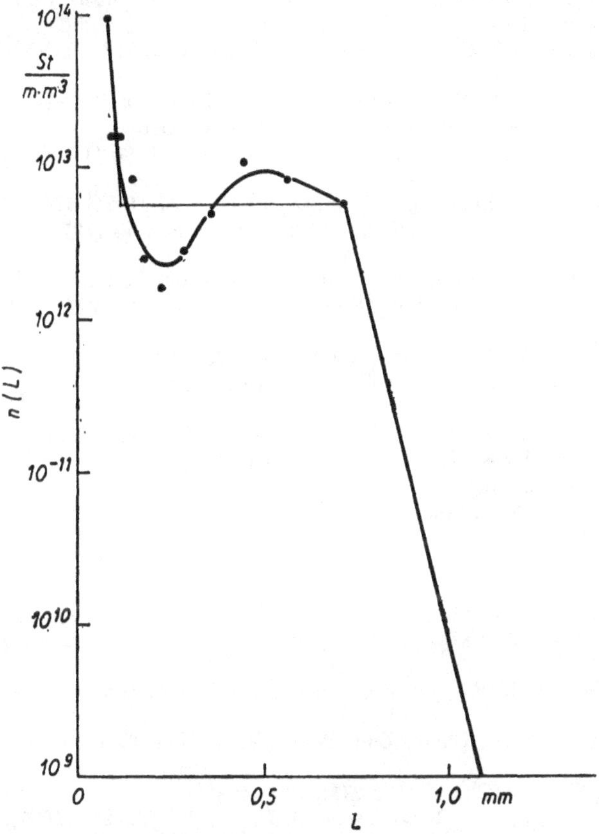

Abb. 4–6. Korngrößenverteilung des Wirbelbettes in einem kleintechnischen Sprudelschichtkristallisator [29]

Literatur

[1] TODES, O. M.: „*Probleme der Kinetik und Katalyse*" (russ.), Band VII, Chimia, Moskau 1949

[2] SAEMAN, W. C.: AIChE J. **2** (1956), 107

[3] RANDOLPH, A. D.; LARSON, M. A.: AIChE J. **8** (1962), 639

[4] RANDOLPH, A. D.: Can. J. Chem. Eng. **42** (1964), 280

[5] HULBURT, H. M.; KATZ, S.: Chem. Eng. Sci. **19** (1964), 555

[6] RANDOLPH, A. D.; LARSON, M. A.: "*Theory of Particulate Processes*", Academic Press, New York 1971
[7] TODES, O. M.: Kristall und Technik **7** (1972) *7*, 729—753
[8] TODES, O. M.; KAGANOWITSCH, YU. YA.; NALIMOW, S. P.; GOLZIKER, W. A.; SEBALLO, D. U.; FRIDMAN, M.: „*Dehydratation von Lösungen in der Wirbelschicht*" (russ.), Metallurgija, Moskau 1973
[9] KAFAROW, W. W.; DOROCHOW, E. N.; KOLZOWA, C. I.; IWANDAEW, C. I.: TOChT **11** (1977) *4*, 542—553
[10] KAFAROW, W. W.; DOROCHOW, E. N.: „*Systemanalyse von Prozessen der chemischen Technologie. Allgemeine Strategie*" (russ.), Nauka, Moskau 1976
[11] BECKER jr., G. W.; LARSON, M. A.: Chem. Eng. Progr., Symp. Ser. **65** (1969) *95*, 14—23
[12] WOLFF, P. R.; LARSON, M. A.: Chem. Eng. Progr., Symp. Ser. **67** (1971) *110*, 97
[13] WHITE, E. T.; BENDING, L. L.; LARSON, M. A.: AIChE Symp. Ser. **53** (1976) *72*, 41—47
[14] ABEGG, C. T.; STEVENS, J. D.; LARSON, M. A.: AIChE J. **14** (1968), 188
[15] WHITE, E. T.; WRIGHT, P. G.: Chem. Eng. Progr., Symp. Ser. **67** (1971) *110*, 81—87
[16] JANSE, A. H.; DE JONG, E. J.: "Industrial Crystallization 78" (Hrsg.: DE JONG, E. J.; JANCIC, S. J.), S. 135—142, North-Holland Publishing Company, Amsterdam 1979
[17] JANSE, A. H.; DE JONG, E. J.: "Industrial Crystallization 75" (Hrsg.: MULLIN, J. W.), S. 145—154, Plenum Press, New York—London 1976
[18] GARSIDE, J.: siehe [16], S. 143—151
[19] ROUSSEAU, R. W.; CRAIG, S.; MC CABE, W. L.: siehe [16], S. 19—25
[20] BENNEMA, P.: siehe [17], S. 91—111
[21] BAUMANN, K.-H.: siehe [16], S. 325—333
[22] DE JONG, E. J.: siehe [16], S. 3—17
[23] BUJAC, P. D. B.: siehe [17], S. 23—31
[24] VALENTAS, K. J.; BILOUS, O.; AMUNDSON, N. R.: Ind. Eng. Chem., Fundamentals **5** (1966) *2*, 271—279
[25] VALENTAS, K. J.; AMUNDSON, N. R.: Ind. Eng. Chem., Fundamentals **5** (1966) *4*, 533—542
[26] LARSON, M. A.; RANDOLPH, A. D.: Chem. Eng. Progr., Symp. Ser. **95** (1969) *65*, 1—4
[27] JUZASZEK, P.; LARSON, M. A.: AIChE J. **23** (1977), 460—468
[28] RANDOLPH, A. D.; BECKMAN, J. A.; KRALJEVICH, Z. J.: AIChE J. **23** (1977), 500—520
[29] KRAUS, H.-J.: Diplomarbeit, TH „Carl Schorlemmer" Leuna—Merseburg, 1979

5. Kristallisatorberechnung

Die mathematische Modellierung von Prozessen der Kristallisation dient zwei Zielstellungen:

1. Die möglichst sichere Vorausberechnung des Arbeitsvolumens eines Kristallisators.
2. Untersuchung des Prozeßverhaltens von Kristallisationsanlagen mit Hilfe von Simulationsrechnungen, um günstige Arbeitsregime mit möglichst kleinem experimentellem Aufwand zu finden.

Beide Zielstellungen sind Bestandteile von Optimierungsprogrammen und somit vom Anliegen her miteinander verknüpft. Die Basis dieser Berechnungen bildet ein in seinen wesentlichsten Teilen analoges Gleichungssystem.

Die Vielfalt der in der Industrie angewandten Kristallisationsprozesse macht es erforderlich, nach Systematisierungsmöglichkeiten zu suchen, auf denen die Modellbildung aufgebaut werden kann [1, 2, 3]. Folgende Eigenschaften haben sich als so typisch erwiesen, daß sie zur Charakterisierung eines Kristallisators geeignet sind:

1. Unterteilung nach dem zeitlichen Verlauf: diskontinuierliche und kontinuierliche Prozesse.

2. Unterteilung nach der Art der Übersättigungserzeugung: Kühlungskristallisation, isotherme Verdampfungskristallisation, adiabate Verdampfungskristallisation (in der Fachliteratur meist Vakuumkristallisation genannt), Verdrängungskristallisation, Reaktionskristallisation.

3. Unterteilung nach dem Grad der Durchmischung der Kristallsuspension: ideal durchgemischt, ideal entmischt in Strömungsrichtung (Pfropfenströmung), ideale Durchmischung der dispergierten Kristalle und Pfropfenströmung der Lösung.

4. Unterteilung nach der Art des Feststoffabzuges aus der Suspension: Prozesse mit und ohne Feinkornabscheidung, Prozesse mit und ohne Produktkornklassierung, Prozesse mit und ohne gesonderten Lösungsabzug.

Von den unter den Punkten 3 und 4 genannten Merkmalen sind insbesondere die folgenden vier Kombinationen interessant. Die so charakterisierten Kristallisationsprozesse stellen die wichtigsten idealisierten Modelle dar. Sie sind die Grundlage für die mathematische Modellierung der am häufigsten genutzten Kristallisatoren.

1. Kristallisator mit ideal durchmischter Suspension und einem Produktstrom mit den Eigenschaften der Suspension im Kristallbett (Abb. 5–1).
   In der Literatur allgemein als MSMPR-Kristallisator (Mixed-Suspension-Mixed-Product-Removal) bekannt.

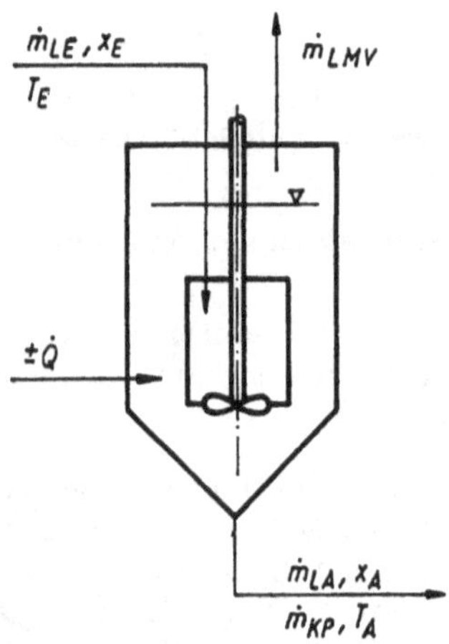

Abb. 5–1. Rührwerkskristallisator (Prinzipskizze)

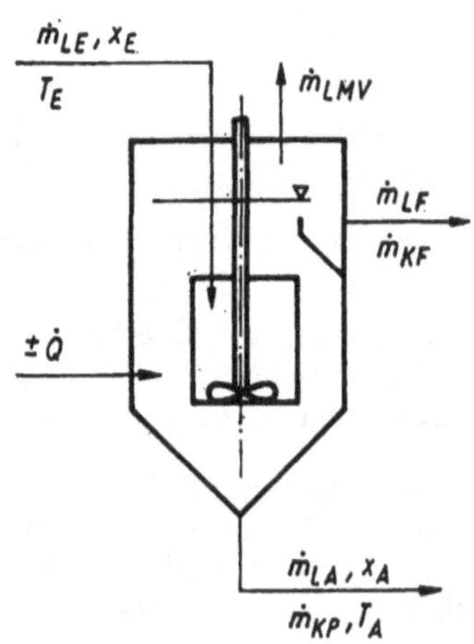

Abb. 5–2. Rührwerkskristallisator mit Feinkornabscheidung (Prinzipskizze)

2. Kristallisator mit ideal durchmischter Suspension, einem Produktstrom mit den Eigenschaften des Kristallbettes und Feinkornabscheidung und -auflösung.
   Abbildung 5–2 läßt die wesentlichsten Zusammenhänge erkennen. Über eine geeignete Vorrichtung wird eine Suspension aus dem Kristallisator entnommen, die vor allem die feinen Anteile des Kristallkornspektrums enthält. Beim Erwärmen der Feinkornsuspension lösen sich die Kristalle auf. Die nun homogene Lösung kann direkt in den Kristallisator oder anderweitig in den Prozeß zurückgeführt werden.
3. Kristallisator mit ideal durchmischter Suspension, klassiertem Produkt und Feinkornabscheidung (Abb. 5–3).
   Das Kristallisationsprodukt muß im vorliegenden Fall eine Gegenstromklassiereinrichtung überwinden, die dafür sorgt, daß nur Kristalle, die größer als ein bestimmtes Grenzkorn sind, den Kristallisator verlassen. Die kleineren Kristalle bleiben im Kristallbett. Die Feinkornabtrennung wirkt in der unter 2. beschriebenen Weise.
4. Kristallisator mit idealer Pfropfenströmung der dispersen und der kontinuierlichen Phase.

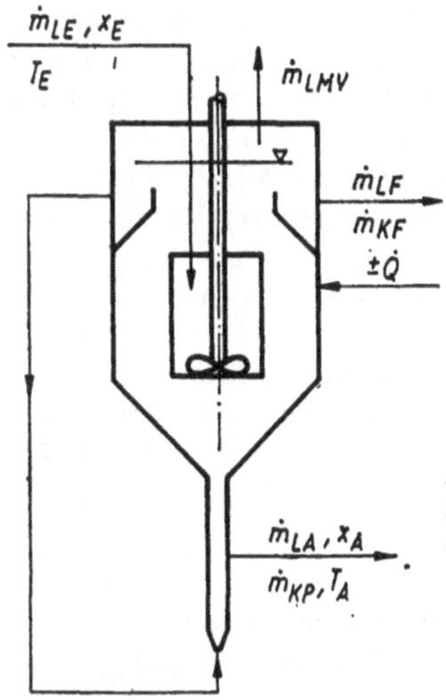

Abb. 5–3. Rührwerkskristallisator mit Feinkornabscheidung und Produktkornklassierung (Prinzipskizze)

Beide Phasen können sich relativ zueinander sowohl im Gleich- als auch im Gegenstrom bewegen. Es sind sowohl horizontale als auch vertikale Ausführungen denkbar (Abb. 5–4).

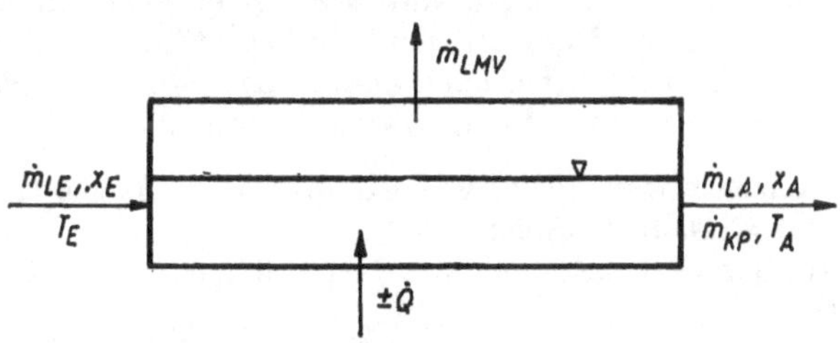

Abb. 5–4. Rohrkristallisator (Prinzipskizze)

Im vorangegangenen Kapitel sollte das Verhalten der Verteilungsdichte von Kristallen unter Einfluß unterschiedlichster, aber jeweils einzeln wirkender Einflüsse verdeutlicht werden. Dabei wurden alle Geschwindigkeiten als konstant und unabhängig vom Prozeß vorgegeben. In diesem Kapitel wird nun das Verhalten der Kristallhäufigkeitsverteilungen im Produktstrom und im Kristallbett unter Kristallisationsbedingungen untersucht. Dabei muß die Einstellung der Übersättigung als Ergebnis der Wechselwirkung zwischen Übersättigungsabbau durch Kristallisation und Übersättigungserzeugung berücksichtigt werden. Damit werden die Kristallwachstumsgeschwindigkeit und die Keimbildungsgeschwindigkeit, die sich während des Prozesses einstellen, festgelegt, die wiederum auf die Kristallgrößenverteilung und die Übersättigung einwirken.

Wegen der vorgenommenen Vereinfachungen, die noch ausführlich erläutert werden, stimmen die vorgestellten mathematischen Modelle nicht völlig mit den realen Kristallisationsprozessen überein. Trotzdem können mit ihrer Hilfe brauchbare Erkenntnisse über das Verhalten industrieller Kristallisatoren erlangt werden. Die Unterschiede zwischen Modell und Realität betreffen vor allem die Geschwindigkeits-, Temperatur- und Konzentrationsfelder. Im realen Kristallisator sind Geschwindigkeiten, Temperaturen und Konzentrationen mehr oder minder starke Funktionen der Raumkoordinaten. Außerdem existieren noch eine Anzahl von Erscheinungen, wie z. B. die sogenannte Wachstumsdispersion [4—7], die Wachstumshemmung kleiner Kristalle [8—10] und auch Vorgänge im Zusammenhang mit der sekundären Keimbildung [10—13], die noch unzureichend geklärt sind und einen Einfluß auf den Kristallisationsprozeß ausüben.

5.1. Kristallisation in ideal durchmischter Suspension ohne Produktklassierung und Feinkornabscheidung (MSMPR-Kristallisator)

Zu den Kristallisatoren, die mit nahezu ideal durchmischter Suspension arbeiten, werden solche mit innerem Suspensionsumlauf und nicht zu schlanker Bauform, einfache Rührwerkskristallisatoren mit Wandstrombrechern und Sprudelbettkristallisatoren gezählt. Eine Anwendungsbeschränkung durch stoffliche Eigenschaften besteht nicht. Aber auch andere Kristallisatoren sind hier einzuordnen, wenn folgende Voraussetzungen erfüllt werden:

1. Annähernd gleiche Konzentration, gleicher Feststoffgehalt, gleiche Temperatur im gesamten Suspensionsvolumen.
2. Die Verteilungsdichte der Kristalle ist im Suspensionsvolumen keine Funktion des Raumes.
3. Die in den Kristallisator eintretende Lösung enthält keinen Feststoff.
4. Die den Kristallisator verlassende Suspension hat die gleichen Eigenschaften wie jene die im Kristallisator verbleibt.
5. Die Kristalle unterschiedlicher Größe haben alle die gleichen Formfaktoren.
6. Es tritt keine Kristallzerstörung oder Agglomeration auf.
7. Die Kristallwachstumsgeschwindigkeit hängt nicht von der Kristallgröße ab.

Das vereinfachte Schema dieses Kristallisatortyps zeigt Abb. 5–1 (s. S. 110). Es soll die Häufigkeitsverteilung des in einem solchen Kristallisator erzeugten Kristallisates in Funktion der eingespeisten Lösungsmenge $\dot{m}_{LE}$, ihrer Konzentration x und der Temperatur T_E untersucht werden. Das mathematische Modell gilt für die Kühlungs- und die beiden Arten der Verdampfungskristallisation. Die Verdampfungsgeschwindigkeit wird der zugeführten Lösungsmittelmenge angepaßt. Die Kristallisation erfolgt bei der Temperatur T_K. Das mit Suspension gefüllte Volumen des Kristallisators ist V_{SB}.

5.1.1. *Vollständiges Berechnungsverfahren*

Die Berechnung stützt sich auf die Kristallzahlbilanzgleichung

$$\frac{\mathrm{d}[r_L n(L)]}{\mathrm{d}L} = r_N \psi - \frac{n(L)}{\tau}, \tag{5-1}$$

die bereits im Kap. 4.1. ausführlich behandelt wurde. Die Größen r_N, r_L und ψ sind durch folgende Beziehungen definiert:

$$r_L = K_L \left(x_A - x_S \exp\left(\frac{\Gamma}{L}\right)\right)^m \tag{5-2}$$

$$r_N = K_N \left(\frac{m_K}{V_{SB}}\right)^j (x_A - x_S)^n \tag{5-3}$$

$$\psi = \frac{1}{\mu} \exp\left(-\frac{L - L_K}{\mu}\right) \tag{5-4}$$

Die Anfangsbedingung lautet:

$$n_0 = r_N/r_L \qquad \text{für} \quad L = L_K \quad \text{bei} \quad t = t.$$

Die Masse an Feststoff, die sich im Kristallisator befindet, wird durch Integration der Verteilungsdichte der Kristalle im Kristallbett über die Korngröße erhalten.

$$m_K = V_{SB} \alpha \varrho_K \int_{L_K}^{\infty} L^3 n(L)\,\mathrm{d}L \tag{5-5}$$

Die Masse an Kristallisat, die unter den gegebenen Bedingungen, d. h. bei der vorliegenden Übersättigung, der wirksamen Kristalloberfläche, der Temperatur und den hydrodynamischen Verhältnissen kontinuierlich erzeugt werden kann, ergibt die Summe des durch Keimbildung und Wachstum kontinuierlich entstehenden Feststoffes.

$$\dot{m}_K = V_{SB} \left(\overline{m}_{K1N} r_N + 3 \varrho_K \alpha \int_{L_K}^{\infty} L^2 n(L)\, r_L\,\mathrm{d}L\right) \tag{5-6}$$

Die Konzentration der Lösung in diesem Kristallisator, die der Austrittskonzentration entspricht, folgt mit dem eben berechneten Kristallproduktstrom $\dot{m}_K$ aus den folgenden Massenbilanzen.

Die Gesamtmassenbilanz um den Kristallisator umfaßt den eintretenden und austretenden Lösungsstrom, die Produktkristallmenge und die verdampfte Lösungsmittelmenge.

$$\dot{m}_{LE} = \dot{m}_{LA} + \dot{m}_K + \dot{m}_{LMV} \tag{5-7}$$

Die Produktkristallmenge setzt sich bei Kristallhydraten aus dem Feststoff und dem Kristallwasser zusammen.

$$\dot{m}_K = \dot{m}_{FS} + \dot{m}_{LMH}$$

In die Lösungsmittelbilanz müssen die mit der Lösung ein- und austretenden Lösungsmittelströme, die verdampften und als Kristallwasser verbrauchten Lösungsmittelmengen aufgenommen werden.

$$\dot{m}_{LME} = \dot{m}_{LMA} + \dot{m}_{LMV} + \dot{m}_{LMH} \tag{5-8}$$

Sie kann unter Benutzung der Massenanteile des Feststoffes am Ein- und Austritt x_E und x_A auch folgendermaßen geschrieben werden:

$$\dot{m}_{LE}(1 - x_E) = \dot{m}_{LA}(1 - x_A) + \dot{m}_{LMV} + \dot{m}_{LMH} \tag{5-8a}$$

Die Feststoffbilanz ergibt schließlich

$$\dot{m}_{LE}x_E = \dot{m}_{LA}x_A + \dot{m}_F \tag{5-9}$$

Der Zusammenhang zwischen der Kristallmasse, der Feststoffmasse im Kristall und dem Hydratwasser ist durch folgende einfache Beziehungen gegeben:

$$\dot{m}_F = \dot{m}_K \frac{M_F}{M_K} \tag{5-10}$$

$$\dot{m}_{LMH} = \dot{m}_K \left(1 - \frac{M_F}{M_K}\right) = \dot{m}_F \left(\frac{M_K}{M_F} - 1\right) \tag{5-11}$$

Durch Kombination der Gln. (5–7), (5–9) und (5–10) ergibt sich eine weitere Beziehung für die produzierte Kristallmenge:

$$\dot{m}_K = \frac{\dot{m}_{LE}(x_E - x_A) + x_A \dot{m}_{LMV}}{\dfrac{M_F}{M_K} - x_A} \tag{5-12}$$

Setzt man Gl. (5–6) und (5–12) gleich, so folgt der implizite funktionelle Zusammenhang, der zur Berechnung der Austrittskonzentration x_A und der Übersättigung Δx benutzt werden muß. Die mittlere Verweilzeit der Suspension und der Kristalle ist definitionsgemäß

$$\tau = \frac{V_{SB}}{\dot{V}_{SA}} \tag{5-13}$$

Die Größe des häufigsten Kristalls der Massenhäufigkeitsverteilung L_H wird oft als Charakteristikum für Kristallverteilungen verwandt. Da die Massenhäufigkeitsverteilungsdichte bei L_H den Gipfelpunkt erreicht, kann man schreiben

$$\frac{\mathrm{d}}{\mathrm{d}L}\left(L^3 n(L)\right) = 0 \quad \text{bei} \quad L = L_H$$

Benutzt man Gl. (5–1) und beachtet, daß

$$\psi(L) \approx 0 \quad \text{bei } L = L_H \text{ ist,}$$

so ergibt sich ein Zusammenhang zwischen Wachstumsgeschwindigkeit, mittlerer Verweilzeit und häufigstem Kristall.

$$L_H = 3\tau r_L \tag{5-14}$$

Eine einfache Rechnung führt zur folgenden Gleichung, die den Zusammenhang zwischen der Streuung der Massenverteilung und der Größe des häufigsten Kristalls ergibt:

$$\sigma_M = \frac{2}{3} L_H \tag{5-15}$$

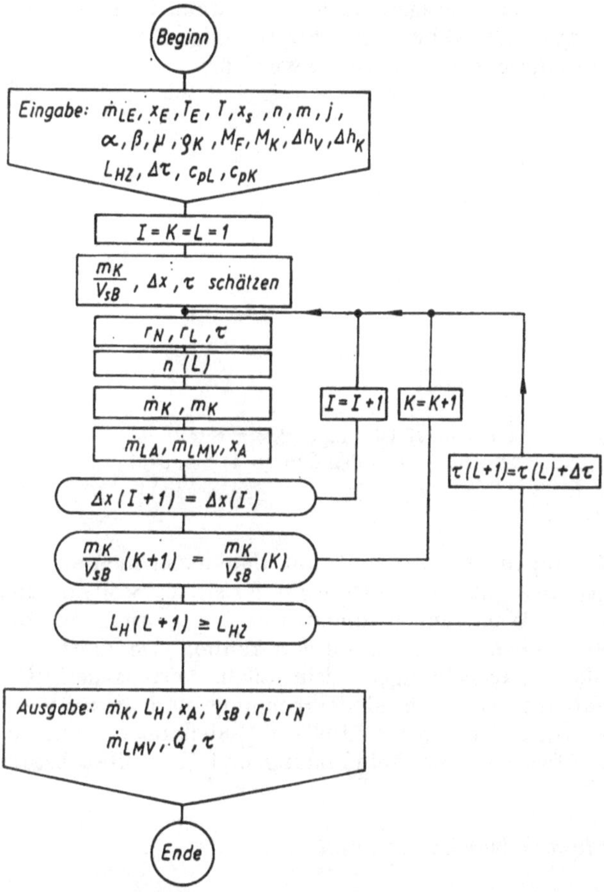

Abb. 5-5. Programmablaufplan für die Berechnung der zur Erreichung einer gewünschten häufigsten Kristallgröße nötigen Aufenthaltszeit der Lösung in einem Kristallisator mit ideal durchmischter Suspension ohne Feinkornabscheidung und Produktkornklassierung

Die verdampfte Lösungsmittelmenge wird schließlich über die Energiebilanz mit den von außen zuzuführenden Wärmemengen in Verbindung gebracht:

$$Q = KA\Delta T_m = \dot{m}_{LA}c_{PA}T_A - \dot{m}_{LE}c_{PE}T_E + \dot{m}_{LMV}\Delta h_V + \dot{m}_K\Delta h_K \tag{5-16}$$

Das Gleichungssystem (5–1) bis (5–6), (5–12) und (5–16), das hier gelöst werden muß, ist nichtlinear und enthält darüber hinaus eine Differentialgleichung. Es empfiehlt sich eine numerische Lösung. In Abb. 5–5 ist ein Vorschlag für den Aufbau des dazu nötigen Rechenprogramms in Form eines Programmablaufplanes dargestellt. Abbildung 5–6 gibt einige Kristallgrößenverteilungen wieder, die auf diese Weise bestimmt wurden.

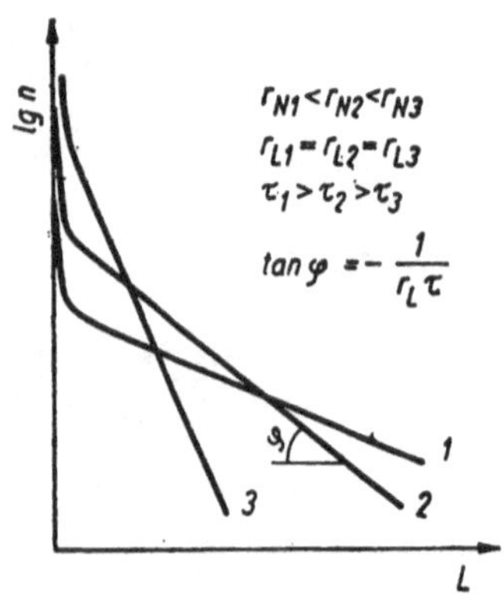

Abb. 5–6. Kristallhäufigkeitsverteilungen, berechnet nach den Gln. (5–1) bis (5–4)

Die berechneten Verteilungen stimmen gut mit den experimentell aufgenommenen überein [14]. Das gilt insbesondere für Kristalle $> 50\ \mu$m. Bei kleinen Kristallen werden Wachstumshemmungsvorgänge wirksam, die gegenwärtig noch nicht ausreichend gedeutet werden können. Der Ostwald-Thomson-Effekt kann diese Erscheinungen nicht allein verursachen. Die quantitative Übereinstimmung zwischen Modellrechnung und Experiment hängt vor allem von der Güte der experimentell in Modellapparaturen bestimmten kinetischen Koeffizienten für Keimbildung und Kristallwachstum ab.

5.1.2. *Vereinfachtes Berechnungsverfahren*

In den letzten Jahren hat ein Berechnungsverfahren Anwendung gefunden, das, ausgehend von einigen Vereinfachungen, zu einem gut handhabbaren Gleichungssystem führt. Grundlage dieses, vor allem von Randolph und Larson [15] propagierten Modells ist eine Lösung der Kristallzahlbilanz-

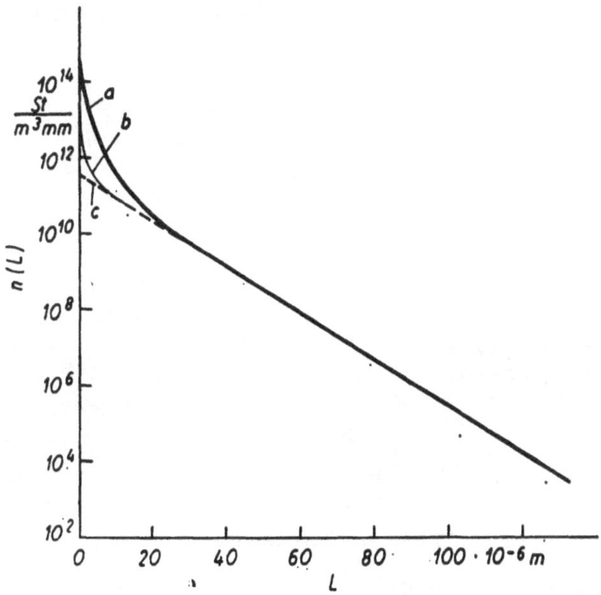

Abb. 5–7. Anzahldichteverteilung der Kristalle in einem MSMPR-Kristallisator

a – Meßergebnis; *b* – berechnet unter Beachtung des OSTWALD-THOMSON-Effektes;
c – berechnet nach Gl. (5–20)

gleichung (5–1), die unter Beachtung weiterer Voraussetzungen gefunden wird. Diese lauten:

1. Die Kristallwachstumsgeschwindigkeit r_L hängt nicht von der Kristallgröße ab.

$$r_L = K_L(x_A - x_S)^m \tag{5–17}$$

2. Die Kristallkeime haben alle die Größe des kritischen Keimes L_K, d. h., die Keimgrößenverteilung ist eine Impulsverteilung.

$$\psi = \delta(L - L_K) \tag{5–18}$$

Laut Definition gilt:

$$\int_0^\infty \delta(L - L_K)\,\mathrm{d}L = 1$$

Dabei ist zu beachten, daß

$$\delta(L - L_K) \begin{cases} = +\infty & \text{für } L = L_K \\ = \;\;0 & \text{für } L \neq L_K \end{cases}$$

3. Die Anfangsbedingung wird von RANDOLPH und LARSON [16] folgendermaßen entwickelt:

$$n_0 = \left(\frac{dN}{dL}\right)_{L=L_K}$$

Setzt man

$$r_N = \left(\frac{dN}{dt}\right)_{L=L_K}$$

$$r_L = \frac{dL}{dt} = \left(\frac{dL}{dt}\right)_{L=L_K}$$

und

$$\left(\frac{dN}{dt}\right)_{L=L_K} = \left[\left(\frac{dN}{dL}\right)\left(\frac{dL}{dt}\right)\right]_{L=L_K}$$

so folgt

$$n_0 = \frac{r_N}{r_L} \quad \text{für} \quad L = L_K \quad \text{bei} \quad t = t \tag{5–19}$$

Die Kristallzahlbilanzgleichung (5–1) hat dann folgendes Aussehen:

$$\frac{dn(L)}{dL} = \frac{r_N}{r_L}\,\delta(L - L_K) - \frac{n(L)}{\tau r_L}$$

Als Lösung resultiert unter Berücksichtigung obiger Anfangsbedingung die Exponentialverteilung.

$$n(L) = \frac{r_N}{r_L} \exp\left(-\frac{L}{r_L\tau}\right) \tag{5–20}$$

mit $L_K \ll L$.

Diese Kristallzahlverteilungsdichte wird zur Lösung der Integrale in den Gln. (5–5) und (5–6) verwendet.

$$\int_0^\infty L^2 \exp\left(-\frac{L}{r_L\tau}\right) dL = 2(r_L\tau)^3$$

und

$$\int_0^\infty L^3 \exp\left(-\frac{L}{r_L\tau}\right) dL = 6(r_L\tau)^4$$

Wird bei der Integration von Gl. (5–5) die untere Grenze L_K Null gesetzt, erhält man die Feststoffmenge im Kristallisator zu

$$m_K = 6\alpha\varrho_K V_{SB} \frac{r_N}{r_L} (r_L\tau)^4 \tag{5–21}$$

und die produzierte Feststoffmenge wird

$$\dot{m}_K = 6\alpha\varrho_K V_{SB} r_N (r_L \tau)^3. \tag{5-22}$$

Die durch Keimbildung erzeugte Feststoffmasse ist hier gegenüber der durch Wachstum erzeugten vernachlässigt. Bei Division beider Gleichungen erhält man die Beziehung für die mittlere Verweilzeit der Kristalle:

$$\tau = \frac{m_K}{\dot{m}_K} \tag{5-23}$$

Das Verhältnis Suspensionsvolumen zum Lösungsdurchsatz am Eintritt läßt sich in folgender Weise mit der mittleren Verweilzeit verknüpfen:

$$\frac{V_{SB}}{\dot{V}_{LE}} = \tau \left[\frac{\varrho_{LE}}{\varrho_{LA}} \left(1 - \frac{\dot{m}_{LMV}}{\dot{m}_{LE}}\right) + \frac{\dot{m}_K}{\dot{m}_{LE}} \left(\frac{\varrho_{LE}}{\varrho_K} - \frac{\varrho_{LE}}{\varrho_{LA}}\right)\right] \tag{5-24}$$

Ist der Feststoffproduktstrom im Verhältnis zum eintretenden Lösungsstrom klein und die Dichte der Lösung am Ein- und Austritt etwa gleich, kann mit folgender Näherungsgleichung die mittlere Verweilzeit abgeschätzt werden:

$$\tau \approx \frac{V_{SB}}{\dot{V}_{LE}} \tag{5-25}$$

Aus den Gln. (5–21) und (5–12) folgt unter Beachtung der Geschwindigkeitsgleichungen (5–17) und (5–3) ein wichtiger Zusammenhang zwischen der mittleren Verweilzeit und der Übersättigung der Lösung im Kristallisator:

$$\frac{V_{SB}}{\tau} \left[6\alpha\varrho_K K_N K_L^3 \tau^4 \Delta x^{3m+n}\right]^{\frac{1}{1-j}} \frac{\dot{m}_{LE}(x_E - x_S - \Delta x) + m_{LMV}(x_S + \Delta x)}{\frac{M_F}{M_K} - x_S - \Delta x} = 0 \tag{5-26}$$

Die Lösung von Gl. (5–26) ergibt sich auf numerischem Wege mit Hilfe der bekannten Methoden (z. B. NEWTON-RAPHSON) relativ schnell. Für den Spezialfall $j = 1$ wird aus Gl. (5–26)

$$\Delta x = (6\alpha\varrho_K K_N K_L^3 \tau^4)^{\frac{-1}{3m+n}} \tag{5-27}$$

Damit können die Austrittskonzentrationen x_A, die Kristallwachstumsgeschwindigkeit r_L und die Keimbildungsgeschwindigkeit r_N berechnet werden. Mittels Gl. (5–21) und den Definitionsgleichungen für die Kristallwachstums- und die Keimbildungsgeschwindigkeit sowie die mittlere Verweilzeit (Gln. (5–17), (5–3), (5–23)) lassen sich zwei Beziehungen finden, die den Zusammenhang zwischen der Größe des häufigsten Kristalls bzw. der Übersättigung und der mittleren Verweilzeit der Kristalle angeben, mit der Suspensionsdichte im Kristallisator als Parameter.

$$L_H = a_1 \left(\frac{m_K}{V_{SB}}\right)^{\frac{(1-j)m}{3m+n}} \tau^{\frac{n-m}{3m+n}} \tag{5–28}$$

$$a_1 = 3(6\alpha\varrho_K K_N)^{\frac{-m}{3m+n}} K_L^{\frac{n}{3m+n}}$$

$$\Delta x = a_2 \left(\frac{m_K}{V_{SB}}\right)^{\frac{1-j}{3m+n}} \tau^{-\frac{4}{3m+n}} \tag{5–29}$$

$$a_2 = (6\alpha\varrho_K K_N K_L{}^3)^{-\frac{1}{3m+n}}$$

Beispiel 1:

Ein Kühlungskristallisator vom MSMPR-Typ hat ein Suspensionsvolumen von 10 m³. In ihm sollen stündlich 60 m³ Salzlösung mit einer Eintrittskonzentration von $x_E = 0{,}3$ Massenanteilen verarbeitet werden. Die Sättigungskonzentration der Lösung bei der Arbeitstemperatur des Kristallisators ist $x_S = 0{,}15$ Massenanteile. Folgende weitere Größen sind bekannt:

$\varrho_K = 1800$ kg/m³	$M_F = M_K$
$\varrho_{LE} \approx \varrho_{LA} = 1100$ kg/m³	$K_N = 3 \cdot 10^{12}$ St/kg/s/ET⁴
$\alpha = 1$	$K_L = 2 \cdot 10^{-3}$ m/s/ET²
$m = 2$	$L_K \approx 10^{-8}$ m
$n = 4$	
$j = 1$	

Die kinetischen Daten haben nur Gültigkeit bis zu einer Übersättigung $\Delta x = 0{,}04$, dann gewinnt die primäre Keimbildung merklich an Einfluß.

Es sollen die produzierte Kristallmasse, der Feststoffgehalt im Kristallisator und die Verteilungsdichte bestimmt werden. Darüber hinaus ist zu prüfen, wie sich eine Vergrößerung der mittleren Verweilzeit auf die Größe des häufigsten Kristalls auswirkt.

Nach Gl. (5–25) beträgt die mittlere Verweilzeit etwa

$$\tau = \frac{10 \cdot 3600}{60} = 600 \text{ s}$$

Die Übersättigung der Lösung ergibt sich aus Gl. (5–27):

$$\Delta x = (6 \cdot 1 \cdot 1800 \cdot 3 \cdot 10^{12} \cdot 8 \cdot 10^{-9} \cdot 600^4)^{-0{,}1} = 0{,}0112$$

Die Austrittskonzentration der Lösung ist durch die Definition der Übersättigung ebenfalls bekannt.

$$\Delta x = x_A - x_S$$
$$x_A = 0{,}0112 + 0{,}15 = 0{,}1612$$

Damit kann die pro Zeiteinheit produzierte Kristallmasse berechnet werden (s. Gl. (5–12)).

$$\dot{m}_K = 0{,}0167 \cdot 1100 \frac{0{,}3 - 0{,}1612}{1 - 0{,}1612}$$
$$= 3{,}04 \text{ kg/s} \mathrel{\triangle} 10950 \text{ kg/h}$$

Der Feststoffgehalt in der Suspension ist

$$\frac{m_K}{V_{SB}} = \frac{600 \cdot 3{,}04}{10} = 182{,}4 \text{ kg/m}^3$$

Die Keimbildungs- und die Kristallwachstumsgeschwindigkeit nehmen folgende Werte an:

$$r_L = 2 \cdot 10^{-3}(0{,}0112)^2 = 2{,}49 \cdot 10^{-7} \text{ m/s}$$
$$r_N = 3 \cdot 10^{12} \cdot 182{,}4(0{,}0112)^4 = 8{,}45 \cdot 10^6 \text{ St/m}^3\text{/s}$$

Die Gleichung für die Verteilungsdichte wird damit

$$n(L) = 3{,}39 \cdot 10^{13} \exp\left(-\frac{L}{1{,}49 \cdot 10^{-4}}\right)$$

und die Größe des häufigsten Kristalls ist

$$L_H = 3 \cdot 2{,}46 \cdot 10^{-7} \cdot 600 = 0{,}443 \cdot 10^{-3} \text{ m.}$$

Prüft man mit den so ermittelten Ergebnissen die eingangs abgeschätzte mittlere Verweilzeit (Gl. (5–25)), so ergibt sich

$$\tau = \frac{10 \cdot 3600}{60\left[1 + \frac{10950}{60 \cdot 1100}\left(\frac{1100}{1800} - 1\right)\right]} = 641 \text{ s}$$

Die Abweichung liegt bei 6,8% des Wertes der ersten Schätzung.

Eine Berechnung mit der korrigierten mittleren Verweilzeit zeigt, daß die produzierte Kristallmenge praktisch nicht beeinflußt wird. Damit bleibt auch die mittlere Verweilzeit unverändert. Die Größe des häufigsten Kristalls vergrößert sich auf

$$L_H = 0{,}454 \cdot 10^{-3} \text{ m}$$

Zur Berechnung der Abhängigkeit der Größe des häufigsten Kristalls von der mittleren Verweilzeit erhält man für dieses Beispiel folgende Beziehung:

$$L_H = a_1 \cdot \tau^{0{,}2}$$
$$a_1 = 1{,}246 \cdot 10^{-4} \text{ m} \cdot \text{s}^{-0{,}2}$$

Die nachfolgende Tabelle zeigt deutlich, wie sehr der Einfluß der mittleren Verweilzeit der Kristalle auf die Größe des häufigsten Kristallkornes durch die Wirkung der Keimbildungsgeschwindigkeit gedämpft wird.

τ	L_H	σ_M
1000 s	0,496 mm	0,33 mm
10000 s	0,786 mm	0,524 mm
100000 s	1,246 mm	0,831 mm

Bei einer technisch sinnvollen mittleren Verweilzeit von 16,7 min erhält man ein Kristallisat, dessen häufigster Kristall eine Größe von ca. 0,5 mm erreicht. Eine Verweilzeit von 2,78 h müßte realisiert werden, um diesen Wert auf 0,786 mm zu erhöhen. Wirtschaftlich nicht vertretbare Verweilzeiten sind nötig, um L_H auf die Größe oberhalb 1 mm anwachsen zu lassen.

Damit wird auch verständlich, daß in einem einfachen Suspensionskristallisator nicht jede beliebige Korngröße mit vertretbarem Aufwand erzeugt werden kann. Um derartige Wünsche erfüllen zu können, muß die effektive Keimbildungsgeschwindigkeit durch zusätzliche Maßnahmen der Feinkornabscheidung verringert werden. Das beweist auch Abb. 5–8, in der der Einfluß der Geschwindigkeitskoeffizienten und der Triebkraftexponenten auf die Größe des häufigsten Kristalls eines im ideal durchmischten Kristallisator ohne Feinkornabscheidung und Produktklassierung erzeugten Kristallisates dargestellt wird. Es ist erkennbar, daß, ausgehend von der Kurve *2*, eine Ver-

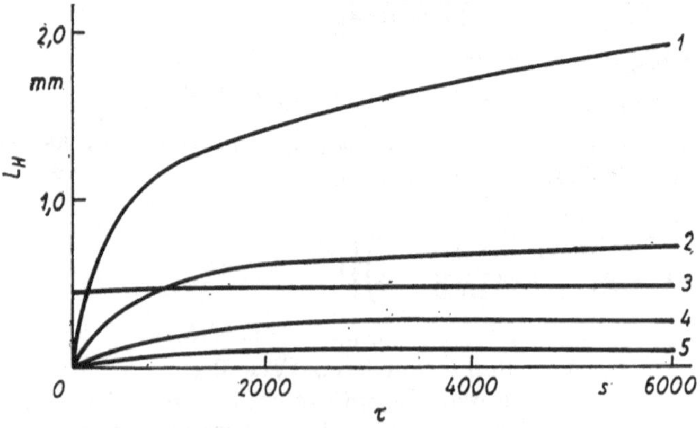

Abb. 5–8. Größe des häufigsten Kristalls als Funktion der mittleren Verweilzeit, berechnet für verschiedene kinetische Koeffizienten

	K_L $m \cdot s^{-1}$	K_N $St \cdot m^{-4}$	m —	n —
1	$2 \cdot 10^{-6}$	$3 \cdot 10^{10}$	2	4
2	$2 \cdot 10^{-6}$	$3 \cdot 10^{12}$	2	4
3	$2 \cdot 10^{-6}$	$3 \cdot 10^{12}$	$m = n$	
4	$2 \cdot 10^{-7}$	$3 \cdot 10^{12}$	2	4
5	$2 \cdot 10^{-6}$	$3 \cdot 10^{12}$	2	8

ringerung der Keimbildungsgeschwindigkeitskonstanten auf ein Hundertstel eine Vergrößerung von L_H auf das Zweieinhalbfache verursacht (Kurve *1*). Eine Verminderung der Wachstumsgeschwindigkeitskonstante auf ein Zehntel läßt L_H im gewählten Beispiel auf etwa zwei Achtel des Bezugswertes sinken (Kurve *4*). Werden die Kristallisationsbedingungen so verändert, daß die Triebkraftexponenten den gleichen Wert annehmen, dann hängt die Größe des häufigsten Kristalls der Produktverteilung nicht mehr von der Verweilzeit ab (Kurve *3*). Eine Erhöhung des Exponenten n auf 8 führt ebenfalls zu einer beträchtlichen Abnahme der Größe L_H (Kurve *5*).

5.2. Kristallisation in ideal durchmischter Suspension mit Feinkornabscheidung und ohne Produktkornklassierung

In diese Kategorie von Kristallisationsprozessen sind alle diejenigen einzuordnen, bei denen aus dem Kristallisator außer dem Produktstrom noch ein Lösungsstrom abgezogen wird. Dieser Lösungsstrom, mitunter auch als Klarlauf bezeichnet, wird von der Suspension so getrennt, daß möglichst wenig Kristallmasse mit ihm den Kristallisator verläßt. Mit einer derartigen Prozeßführung werden vor allem zwei Ziele verfolgt:

1. Die Abtrennung der Flüssigkeit führt zu einer Eindickung der Suspension im Kristallisator und damit des Produktstromes. Bei sehr dünnen Suspensionen ist diese Vorgehensweise zur Entlastung nachgeschalteter Trennprozesse sinnvoll. Auf diese Weise wird auch die Verweilzeit der Kristalle erhöht, was unter günstigen hydrodynamischen Bedingungen zur Kornvergröberung führt, oder es kann der Lösungsdurchsatz erhöht bzw. das Kristallisatorvolumen verkleinert werden.
2. Die Lösung kann aus dem Kristallisator so abgezogen werden, daß ein bestimmter Prozentsatz der Kristallkeime mit ihr aus der Suspension entfernt wird. Damit ergibt sich die Möglichkeit, die Anzahl der Kristallkeime und damit auch die Produktkristallgröße in gewissen Grenzen zu steuern.

Das vereinfachte Schema eines derartigen Kristallisators zeigt Abb. 5-2 (s. S. 110).

Die Voraussetzungen für die Modellierung von Kristallisationsprozessen in ideal durchmischter Suspension mit Feinkornabscheidung und ohne Produktklassierung entsprechen denen von Kap. 5.1. Unter diesen Bedingungen kann die Häufigkeitsverteilung der Produktkristalle mit Hilfe des folgenden Gleichungssystems berechnet werden. Die Lösung mit den feinen Kristallen $\dot{m}_{LF}$ wird nicht wieder in den Kristallisator zurückgeführt. Die Menge der eintretenden Lösung $\dot{m}_{LE}$, ihre Konzentration x_E, ihre Temperatur T_E und der über den Feinkornabscheider austretende Lösungsstrom $\dot{m}_{LF}$ sind die Größen, die zur Prozeßbeeinflussung geeignet sind [16—19].

5.2.1. Vollständiges Berechnungsverfahren

Die Kristallzahlbilanzgleichung wurde bereits im Kap. 4.1. erläutert.

$$\frac{\mathrm{d}[r_L n(L)]}{\mathrm{d}L} = r_N \psi(L) - \frac{n(L)}{\tau} - \frac{n(L)\, p_F(L)}{\tau_F} \tag{5-30}$$

τ_F ist die mittlere Verweilzeit der abzuscheidenden Feinkorne in der ideal durchmischten Kristallsuspension. Das Volumen der Feinkornabscheidekammern wird dabei nicht berücksichtigt. r_L, r_N und ψ sind im vorangegangenen Kapitel durch die Gln. (5–2), (5–17) und (5–4) definiert worden. Die Anfangsbedingung kann ebenfalls übernommen werden. $p_F(L)$ ist die im Kap. 4.2. eingeführte Abscheidefunktion. Welche Form sie annimmt, hängt von der Wirkungsweise des Feinkornabscheidesystems ab. Sie muß experimentell bestimmt werden. Für die hier vorgesehenen Berechnungen wird eine Hyperbelfunktion vorausgesetzt

$$p_F(L) = \begin{cases} a_1 + \dfrac{a_2}{L} & \text{für } L \leqq \dfrac{a_2}{a_1} \\ 0 & \end{cases} \tag{5-31}$$

Die Gleichung zur Berechnung der Kristallmasse im Suspensionsvolumen lautet:

$$m_K = V_{SB} \alpha \varrho_K \int\limits_{L_K}^{\infty} L^3 n(L)\, \mathrm{d}L \tag{5-32}$$

Die pro Zeiteinheit produzierte Kristallmasse folgt aus Gl. (5–33):

$$\dot{m}_K = V_{SB} \left(\overline{m}_{K1N} r_N + 3\alpha \varrho_K \int\limits_{L_K}^{\infty} L^2 n(L)\, r_L\, \mathrm{d}L \right) \tag{5-33}$$

Von dieser durch Kristallisation erzeugten Masse wird ein Teil über die Vorrichtung zur Feinkornabscheidung abgetrennt.

$$\dot{m}_{KF} = \frac{V_{SB}}{\tau_F} \alpha \varrho_K \int\limits_{L_K}^{\infty} L^3 n(L)\, p_F(L)\, \mathrm{d}L \tag{5-34}$$

Die Differenz zwischen diesen beiden ist die Kristallmasse, die als Produkt den Apparat verläßt.

$$\dot{m}_{KP} = \dot{m}_K - \dot{m}_{KF} \tag{5-35}$$

Zur Berechnung der Lösungskonzentration im Kristallisator werden außerdem die Massenbilanzen benötigt. Die Gesamtmassenbilanz um den Kristallisator

$$\dot{m}_{LE} = \dot{m}_{LA} + \dot{m}_{KP} + \dot{m}_{LF} + \dot{m}_{KF} + \dot{m}_{LMV} \tag{5-36}$$

ist gegenüber dem MSMPR-Kristallisator um den Lösungs- und den Kristallstrom, die den Feinkornabscheider verlassen, erweitert. Entsprechendes gilt auch für die Lösungsmittel- und die Feststoffbilanz.

$$\dot{m}_{LE}(1 - x_E) = (\dot{m}_{LA} + \dot{m}_{LF})(1 - x_A) + \dot{m}_{LMV} + (\dot{m}_{KP} + \dot{m}_{KF})\left(1 - \frac{M_F}{M_K}\right)$$

$$\dot{m}_{LE}x_E = (\dot{m}_{LA} + \dot{m}_{LF})\,x_A + (\dot{m}_{KP} + \dot{m}_{KF})\,\frac{M_F}{M_K} \tag{5–37}$$

Die Austrittskonzentration der Lösung wird damit

$$x_A = \frac{\dot{m}_{LE}x_E - (\dot{m}_{KP} + \dot{m}_{KF})\,\frac{M_F}{M_K}}{\dot{m}_{LE} - \dot{m}_{KP} - \dot{m}_{KF} - \dot{m}_{LMV}} \tag{5–38}$$

Bei der Berechnung des Lösungsmittelstromes ist zu beachten, daß der Feststoffgehalt in den Abscheidekammern gegenüber dem Anteil, den die Feinkorne in der Suspension am Gesamtfeststoffgehalt haben, verändert wird.

$$\dot{m}_{LF} = E\varrho_{LA}\,\frac{V_{SB}}{\tau_F} \tag{5–39}$$

Der Faktor E ist als Quotient des Feststoffgehaltes in der aus dem Abscheider austretenden Suspension, bezogen auf den Feststoffanteil definiert, den die Feinkorne im Kristallisatorvolumen bilden würden, wenn nur sie im Kristallisator wären.

Die Wärmebilanz lautet:

$$\dot{m}_{LE}c_{PE}T_E = (\dot{m}_{LA} + \dot{m}_{LF})\,c_{PA}T_A + \dot{m}_{LMV}\Delta hv + (\dot{m}_K + \dot{m}_{KF})\,\Delta h_K - KA\Delta Tm \tag{5–40}$$

Dieses Gleichungssystem entspricht im wesentlichen dem für den MSMPR-Kristallisator. Die Lösung kann also auf analoge Art und Weise erhalten werden. Auf eine Darstellung des nur wenig modifizierten Programmablaufplanes wurde deshalb verzichtet.

5.2.2. *Vereinfachtes Berechnungsverfahren*

Ähnlich wie beim MSMPR-Kristallisator ist auch für die Kristallisation in ideal durchmischter Suspension mit Feinkornabtrennung ein vereinfachtes Modell [16, 20], das auf der Lösung der Kristallzahlbilanzgleichung (5–1) beruht, abgeleitet worden. Die Lösung setzt die Erfüllung der eingangs in diesem Kapitel genannten Einschränkungen voraus. Darüber hinaus ist noch eine Annahme bezüglich der Abscheidefunktion zu treffen.

Es wird vorausgesetzt, daß $p_F(L)$ eine Rechteckfunktion mit dem Wert 1 zwischen L_K und L_F darstellt. L_F ist die Größe des Kristalls, der im Feinkornabscheider gerade noch abgetrennt wird.

$$p_F(L) = \begin{cases} 1 & L_K \leqq L \leqq L_F \\ 0 & L_K > L > L_F \end{cases}$$

Durch diese Form der Abscheidefunktion wird bei L_F eine Unstetigkeit der Lösungsfunktion verursacht. Sie muß deshalb für die beiden Abschnitte $L \leqq L_F$ und $L > L_F$ separat bestimmt werden.

1. Für $L \leqq L_F$ gilt folgende Kristallzahlbilanz:

$$\frac{\mathrm{d}n(L)}{\mathrm{d}L} + n(L)\left[\frac{1}{\tau r_L} + \frac{1}{\tau_F r_L}\right] = \frac{r_N}{r_L}\,\delta(L - L_K)$$

Mit der Anfangsbedingung

$$n(L_K) = \frac{r_N}{r_L}$$

erhält man

$$n(L) = \frac{r_N}{r_L}\exp\left(-\frac{L - L_K}{r_L\tau}\right)\exp\left(-\frac{L - L_K}{r_L\tau_F}\right)$$

Ist τ wesentlich größer als τ_F, so kann in erster Näherung auch geschrieben werden

$$n(L) = \frac{r_N}{r_L}\exp\left(-\frac{L - L_K}{r_L\tau_F}\right) \tag{5-41}$$

2. Für $L > L_F$ hat die Kristallzahlbilanz unter Beachtung der eingangs genannten Voraussetzungen die Form

$$\frac{\mathrm{d}n(L)}{\mathrm{d}L} + \frac{n(L)}{r_L\tau} = 0$$

Mit der Anfangsbedingung

$$n(L_F) = \frac{r_N}{r_L}\exp\left(-\frac{L_F - L_K}{r_L\tau_F}\right)\exp\left(-\frac{L_F - L_K}{r_L\tau}\right)$$

ergibt sich

$$n(L) = \frac{r_N}{r_L}\exp\left(-\frac{L_F - L_K}{r_L\tau_F}\right)\exp\left(-\frac{L_F - L_K}{r_L\tau}\right)\exp\left(-\frac{L - L_F}{r_L\tau}\right)$$

Unter der Voraussetzung $\tau > \tau_F$ erhält man als Näherung

$$n(L) = \frac{r_N}{r_L}\exp\left(-\frac{L_F - L_K}{r_L\tau_F}\right)\exp\left(-\frac{L - L_F}{r_L\tau}\right) \tag{5-42}$$

Da die Feinkorne meist nur einen verschwindend kleinen Teil der Gesamtmasse der Kristalle ausmachen, ergibt sich nach Integration von Gl. (5–32) für die im Kristallisator befindliche Kristallmasse

$$m_K = 6 V_{SB} \alpha \varrho_K \frac{r_N}{r_L} \exp\left(-\frac{L_F - L_K}{r_L \tau_F}\right) (r_L \tau)^4 \tag{5–43}$$

und für die kontinuierlich produzierte Kristallmasse nach Integration von Gl. (5–33)

$$\dot{m}_K = 6 V_{SB} \alpha \varrho_K r_N \exp\left(-\frac{L_F - L_K}{r_L \tau_F}\right) (r_L \tau)^3$$

Die Division dieser beiden Gleichungen führt zu einer einfachen Beziehung für die mittlere Verweilzeit der Produktkristalle:

$$\tau = \frac{m_K}{\dot{m}_K}$$

Das Verhältnis Suspensionsvolumen zum Lösungsdurchsatz am Eintritt in den Kristallisator ist durch Gl. (5–44) mit der mittleren Verweilzeit verknüpft.

$$\frac{V_{SB}}{\dot{V}_{LE}} = \tau \frac{\varrho_{LE}}{\varrho_{LA}} \left[1 - \frac{\dot{m}_K}{\dot{m}_{LE}} \left(1 - \frac{\varrho_{LA}}{\varrho_K}\right) - \frac{\dot{m}_{LF} + \dot{m}_{KF} + \dot{m}_{LMV}}{\dot{m}_{LE}}\right] \tag{5–44}$$

Diese Gleichung gilt für den Fall, daß die über die Feinkornabscheidung abgezogene Lösungsmenge nicht wieder in den Kristallisator zurückgeführt wird. Aus Gl. (5–44) ist leicht abzulesen, unter welchen Bedingungen die folgende Näherungsbeziehung zu einem brauchbaren Ergebnis führt.

$$\tau = \frac{m_K}{\dot{m}_K} \approx \frac{V_{SB}}{\dot{V}_{LE}}$$

Die Feinkornmasse in der Suspension kann nach folgender Gleichung berechnet werden, die durch Integration von Gl. (5–34) erhalten wird:

$$m_{KF} = \alpha \varrho_K V_{SB} r_N r_L^3 \tau_F^4 \{6 - \exp(-z_F) [6 - 6z_F + 3z_F^2 + z_F^3]\}$$

mit

$$z_F = \frac{L_F - L_K}{r_L \tau_F} \tag{5–45}$$

Die Masse der abgeschiedenen Feinkorne ergibt sich näherungsweise zu

$$\dot{m}_{KF} = \frac{m_{KF}}{\tau_F}$$

Die wirksame Übersättigung in der Lösung folgt aus den Gleichungen für die Masse des Kristallproduktes (5–33) und der Austrittskonzentration (Gl. (5–38)) durch Einsetzen der Geschwindigkeitsgleichungen (5–3) und (5–17).

Auch hier ist die Masse der Feinkorne $< L_F$ gegenüber der Masse der übrigen Produktkorne vernachlässigt worden.

$$\frac{V_{SB}}{\tau}\left[6\alpha\varrho_K K_N K_L^3 \tau^4 \exp\left(-\frac{L_F - L_K}{K_L \Delta x^m \tau_F}\right)\Delta x^{3m+n}\right]^{\frac{1}{1-j}}$$

$$= \frac{\dot{m}_{LE}(x_E - x_S - \Delta x) + \dot{m}_{LMV}(x_S + \Delta x) - \dot{m}_{KF}\left(\frac{M_F}{M_K} - x_S - \Delta x\right)}{\frac{M_F}{M_K} - x_S - \Delta x} \quad (5\text{–}46)$$

Für $j = 1$ ergibt sich

$$\Delta x = \left[6\alpha\varrho_K K_N K_L^3 \tau^4 \exp\left(-\frac{L_F - L_K}{K_L \Delta x^m \tau_F}\right)\right]^{\frac{-1}{3m+n}}$$

Damit können die Austrittskonzentration x_A und alle weiteren interessierenden Größen r_L, r_N, m_K, $n(L)$, m_{KF}, $\dot{m}_{KF}$ berechnet werden. Die Produktkristallmenge, die pro Zeiteinheit den Kristallisator verläßt, folgt aus der Massenbilanz zu

$$\dot{m}_K = \frac{\dot{m}_{LE}(x_E - x_A) + x_A \dot{m}_{LMV} - \dot{m}_{KF}\left(\frac{M_F}{M_K} - x_A\right)}{\frac{M_F}{M_K} - x_A}$$

Die Größe des häufigsten Kristalls der Massenverteilung wird wie im vorhergehenden Kapitel berechnet.

$$L_H = 3 r_L \tau$$

Eine Beziehung für die Abhängigkeit der Größe L_H von der mittleren Verweilzeit der Produktkristalle und des Feinkorns findet man durch Kombination der Gln. (5–17), (5–3) und (5–43).

$$L_H = a_3 \left(\frac{m_K}{V_{SB}}\right)^{\frac{(1-j)m}{3m+n}} \tau^{\frac{n-m}{3m+n}} \quad (5\text{–}47)$$

$$a_3 = 3\left[6\alpha\varrho_K K_N \exp\left[-\frac{3\tau(L_F - L_K)}{\tau_F L_H}\right]\right]^{\frac{-m}{3m+n}} K_L^{\frac{n}{3m+n}}$$

Ein Vergleich mit Gl. (5–28) macht den Einfluß der Feinkornabscheidung auf die Größe des häufigsten Kristalls deutlich. Eine Verkleinerung von τ_F oder eine Vergrößerung von L_F bewirkt ein Ansteigen von L_H.

Damit sind alle Gleichungen gegeben, die benötigt werden, um unter den Bedingungen, unter denen dieses vereinfachte Berechnungssystem gültig ist, den Prozeß der Kristallisation in einer ideal durchmischten Suspension mit Feinkornabtrennung rechnerisch verfolgen zu können. Das folgende Beispiel soll dies illustrieren.

Beispiel 2:

Der im Beispiel 1 (s. S. 120) behandelte MSMPR-Kristallisator soll mit einem Feinkornabscheider ausgerüstet werden. Das Ziel dieser Maßnahme ist, in einer vertretbaren mittleren Verweilzeit ein Kristallisat mit einer aus der Massenverteilung berechneten häufigsten Korngröße von etwa 1 mm zu erzeugen. Die aus dem Kristallisator zur Feinkornabscheidung abgetrennte Lösungsmenge wird nicht wieder in den Kristallisator eingespeist. Die Minderung der Produktkristallmenge durch die Feinkornabscheidung soll 1% nicht überschreiten. Alle weiteren Daten sind dem Beispiel 1 in Kap. 5.1. zu entnehmen. Die mittlere Verweilzeit der Produktkristalle ist näherungsweise

$$\tau = \frac{10 \cdot 3600}{60} = 600\,\text{s}$$

Um die Übersättigung in der Lösung nach Gl. (5–46) berechnen zu können, müssen Festlegungen bezüglich der Trennkorngröße L_F und der mittleren Verweilzeit der Feinkorne τ_F getroffen werden. Es werden vorerst $\tau_F = 0{,}1 \cdot \tau = 60\,\text{s}$ und $L_F = 10^{-5}$ m gesetzt. Die Übersättigung der Lösung nimmt nun folgenden Wert an:

$$\Delta x = \left[6 \cdot 1 \cdot 1800 \cdot 3 \cdot 10^{12} \cdot 8 \cdot 10^{-9} \cdot 600^4 \exp\left(-\frac{10^{-5}}{2 \cdot 10^{-3} \cdot 60 \cdot \Delta x^2}\right)\right]^{-0{,}1}$$
$$= 0{,}01184$$
$$x_A = 0{,}01184 + 0{,}15 \approx 0{,}162$$

Die produzierte Kristallmasse wird damit

$$\dot{m}_K = 0{,}0167 \cdot 1100 \, \frac{0{,}3 - 0{,}162}{1 - 0{,}162}$$
$$= 3{,}03\,\frac{\text{kg}}{\text{s}} \mathrel{\hat{=}} 10890\,\frac{\text{kg}}{\text{h}}$$

Der Feststoffgehalt in der Suspension ist

$$\frac{m_K}{V_{SB}} = \frac{600 \cdot 3{,}03}{10} = 181{,}8\,\frac{\text{kg}}{\text{m}^3}$$

Damit ist die Berechnung der Keimbildungs- und die Kristallwachstumsgeschwindigkeit möglich.

$$r_L = 2 \cdot 10^{-3} \cdot (0{,}01184)^2 = 2{,}8 \cdot 10^{-7}\,\frac{\text{m}}{\text{s}}$$

$$r_N = 3 \cdot 10^{12} \cdot 181{,}8 \cdot (0{,}01184)^4 = 1{,}072 \cdot 10^7\,\frac{\text{St}}{\text{m}^3\,\text{s}}$$

Für die Verteilungsdichtefunktion erhält man die Ausdrücke

$$n(L) = 3{,}83 \cdot 10^{13} \exp\left(-\frac{L - 10^{-8}}{1{,}85 \cdot 10^{-5}}\right) \quad \text{für} \quad L \leqq L_F$$

und

$$n(L) = 2{,}11 \cdot 10^{13} \exp\left(-\frac{L - 10^{-5}}{1{,}85 \cdot 10^{-4}}\right) \quad \text{für} \quad L \leqq L_F$$

Die Größe des häufigsten Kristalls ist

$$L_H = 3 \cdot 2{,}80 \cdot 10^{-7} \cdot 600 = 0{,}504 \text{ mm}$$

Die Kristallmasse, die durch die Feinkornabscheidung verloren geht, folgt aus Gl. (5–45).

$$z_F = \frac{10^{-5}}{60 \cdot 2{,}8 \cdot 10^{-7}} = 0{,}595$$

$$\begin{aligned} \dot{m}_{KF} &= 3 \cdot 1800 \cdot 10 \cdot 1{,}072 \cdot 10^7 \cdot 2{,}8^3 \cdot 10^{-21} \cdot 60^3 \\ &\quad \times \{2 - \exp(-0{,}595)\,[0{,}07 + 0{,}354 + 1{,}19 + 2]\} \\ &= 0{,}183 \cdot 10^{-4}\,\frac{\text{kg}}{\text{s}} \triangleq 0{,}0659\,\frac{\text{kg}}{\text{h}} \end{aligned}$$

Das entspricht 0,0006% des Produktstromes.

Um diese Masse an Feinkorn abscheiden zu können, müssen aus

$$\dot{V}_{SF} = \frac{V_{SB}}{\tau_F} = \frac{10}{60} = 0{,}167\,\frac{\text{m}^3}{\text{s}} \triangleq 600\,\frac{\text{m}^3}{\text{h}}$$

Suspension die Feinkornanteile abgeschieden werden. Das heißt nicht, daß diese Suspensionsmenge durch die Feinkornabscheider abgesaugt, sondern lediglich, daß sie in deren Wirkungsbereich gelangen muß.

Eine Kontrolle der mittleren Verweilzeit nach Gl. (5–44) ergibt, daß, wenn die Suspension, die aus dem Feinkornabscheider abgezogen wird, einen Feststoffgehalt von 10% hat, der korrekte Wert bei

$$\tau = 634 \text{ s}$$

liegt. Der Schätzwert war also um 6,4% zu niedrig.

Die Zielstellungen der Aufgabe sind mit den Vorgaben für τ_F und L_F nicht vollständig erreicht worden. Zwar sind die Massenverluste durch Feinkornabscheidung sehr klein, aber die angestrebte Korngröße wurde nicht erreicht.

In Tab. 5–1 sind die Ergebnisse von drei weiteren Variantenrechnungen zusammengestellt worden. Die Verweilzeit der Feinkorne lag bei 5% der Verweilzeit der übrigen Suspension. Variiert wurde die Trennkorngröße. Im letzten Fall steigt dann die häufigste Korngröße auf über 1 mm an. Allerdings kann nun die Forderung nach einer Produktmengenminderung durch die

Feinkornabscheidung von $< 1\%$ nicht mehr erfüllt werden. Sie steigt auf 1,1%. Bei diesen drei Rechnungen ist der Massenanteil des Feststoffes in der Suspension φ_M mit 20% festgelegt worden.

Tabelle 5–1

Einfluß der Feinkornabscheidung auf die Größe des häufigsten Kristalls L_H

L_F (mm)	τ_F (s)	τ (s)	Δx (Ma.-%)	$\dot{m}_{KP}$ (kg/s)	$\dot{m}_{KF}$ (kg/s)	L_H (mm)
0,01	39,4	787	0,01146	3,03	$2{,}5 \cdot 10^{-5}$	0,61
0,05	40	800	0,0138	2,98	$4{,}1 \cdot 10^{-3}$	0,92
0,1	40,9	819	0,0160	2,91	$3{,}2 \cdot 10^{-2}$	1,26

5.3. Kristallisation in ideal durchmischter Suspension mit Feinkornabscheidung und Produktkornklassierung

Rüstet man Kristallisatoren mit Produktkristallklassiereinrichtungen aus, kann damit ein Kristallisat erzeugt werden, dessen Feinkornanteil gering ist. Die Häufigkeitsverteilung des Produktes hängt weitgehend von der Wirksamkeit und Arbeitsweise der Klassiereinrichtung ab. Aber auch die Häufigkeitsverteilung der Suspension, die in die Klassiervorrichtung eintritt, nimmt Einfluß auf das Produkt. Das vereinfachte Schema dieses Kristallisators zeigt Abb. 5–3 (s. S. 111).

Klassiervorrichtungen für Kristallisatoren sind oft so gebaut, daß die Kristalle, die vom Produktstrom abgetrennt werden, wieder in den Kristallisator zurückgehen und dort verbleiben, bis es ihnen gelingt, die Klassierstrecke zu überwinden. Um zu vermeiden, daß auf diese Weise alle Kristallkeime, die einmal gebildet wurden, bis zur Produktgröße wachsen, sind klassierende Kristallisatoren unbedingt mit Vorrichtungen zur Feinkornabscheidung zu versehen. Anderenfalls werden die nötigen Kristallisatorvolumina unrealistisch groß oder der Feststoffgehalt steigt so weit an, daß die Klassiereinrichtung nicht mehr richtig funktioniert bzw. die stabile Arbeitsweise des gesamten Apparates nicht mehr gewährleistet ist.

Die Voraussetzungen, die dem nachfolgenden mathematischen Modell eines Kristallisationsprozesses in ideal durchmischter Suspension mit Feinkornabscheidung und Produktkornklassierung zugrunde liegen, entsprechen denen des Kap. 5.2. [3, 16, 20—24].

Der zur Gegenstromklassierung benötigte Flüssigkeitsstrom wird dem Suspensionsvolumen an einer Stelle entnommen, an der der Feststoffgehalt gering ist und nur durch kleine Kristalle gebildet wird. Die Größen, mit denen die Arbeitsweise des Kristallisators von außen beeinflußbar ist, sind der Zulaufstrom der Lösung $\dot{m}_{LE}$ mit der Konzentration der auszukristallisierenden

Komponenten x_E und der Temperatur T_E, der über den Feinkornabscheider abgesaugte Lösungsstrom $\dot{m}_{LF}$, der zur Klassierung benötigte Lösungsstrom, die verdampfte Lösungsmittelmenge und die Kristallisationstemperatur.

5.3.1. *Vollständiges Berechnungsverfahren*

Die Kristallzahlbilanzgleichung für den vorliegenden Prozeß ist bereits im Kap. 4.2. dargestellt worden.

$$\frac{\mathrm{d}}{\mathrm{d}L}\,[r_L n(L)] = r_N \psi(L) - \frac{n(L)\,p_K(L)}{\tau} - \frac{n(L)\,p_F(L)}{\tau_F} \tag{5–48}$$

(In Kap. 4.2. wurde auch die Bedeutung der in der Gleichung enthaltenen Größen erläutert. Es gilt die gleiche Anfangsbedingung.)

Die Kristallmasse im Suspensionsvolumen entspricht der Summe der Masse aller im Volumen enthaltenen Einzelkristalle und wird daher wie folgt berechnet:

$$m_K = V_{SB}\alpha\varrho_K \int_{L_K}^{\infty} L^3 n(L)\,\mathrm{d}L \tag{5–49}$$

Die Kristallmengen, die im Kristallisator pro Zeiteinheit durch Kristallisation entstehen, ergeben sich wie in den vorhergehenden Abschnitten.

$$\dot{m}_K = V_{SB}\left(\overline{m}_{K1N} r_N + 3\alpha\varrho_K \int_{L_K}^{\infty} L^2 n(L)\, r_L\,\mathrm{d}L\right) \tag{5–50}$$

Den Teil der Kristallmenge, der durch den Feinkornabscheider austritt, erhält man mit Hilfe der Abscheidefunktion $p_F(L)$.

$$\dot{m}_{KF} = \frac{V_{SB}}{\tau_F}\,\alpha\varrho_K \int_{L_K}^{L_F} L^3 n(L)\,p_F(L)\,\mathrm{d}L \tag{5–51}$$

Die Feststoffmenge, die den Kristallisator als klassiertes Produkt verläßt, kann in analoger Weise berechnet werden.

$$\dot{m}_{KP} = \frac{V_{SB}}{\tau}\,\alpha\varrho_K \int_{L_K}^{\infty} L^3 n(L)\,p_K(L)\,\mathrm{d}L \tag{5–52}$$

Im stationären Fall gilt:

$$\dot{m}_K = \dot{m}_{KF} + \dot{m}_{KP}$$

Die Massenbilanzen um den gesamten Kristallisator unterscheiden sich nicht wesentlich von denen der behandelten Kristallisatortypen:

Gesamtmassenbilanz:

$$\dot{m}_{LE} = \dot{m}_{LA} + \dot{m}_K + \dot{m}_{LHV} + \dot{m}_{LF}$$

$\dot{m}_{LF}$ ist nach Gl. (5–39) zu berechnen.

Lösungsmittelbilanz:

$$\dot{m}_{LE}(1 - x_E) = (\dot{m}_{LA} + \dot{m}_{LF})(1 - x_A) + \dot{m}_{LMV} + \dot{m}_K \left(1 - \frac{M_F}{M_K}\right)$$

Feststoffbilanz:

$$\dot{m}_{LE} x_E = (\dot{m}_{LA} + \dot{m}_{LF}) x_A + \dot{m}_K \frac{M_F}{M_K}$$

Durch geeignete Kombination dieser Bilanzgleichungen ergibt sich die folgende Beziehung für die Kristallmasse, die den Kristallisator verläßt:

$$\dot{m}_K = \frac{\dot{m}_{LE}(x_E - x_A) + \dot{m}_{LMV} x_A}{\frac{M_F}{M_K} - x_A} \tag{5-53}$$

Die Wärmebilanz entspricht Gl. (5–40). Die Lösung des Gleichungssystems erfolgt wie im Kap. 5.1. dargestellt.

5.3.2. *Vereinfachtes Berechnungsverfahren*

Auch für den Kristallisator mit ideal durchmischter Suspension, Feinkornabtrennung und Produktkristallklassierung soll anhand eines ähnlich wie in den vorhergehenden beiden Fällen vereinfachten Modells die prinzipielle Verhaltensweise dieses Kristallisatortyps demonstriert werden. Es gelten dieselben Voraussetzungen wie im Kap. 5.2.2. angegeben. Darüber hinaus sind in diesem Falle noch Annahmen zur Klassierfunktion $p_K(L)$ nötig [25]. Es wird vorausgesetzt, daß $p_K(L)$ eine Sprungfunktion bildet.

$$p_K(L) \begin{cases} = 1 & L_p \leqq L < \infty \\ = 0 & L_K \leqq L < L_P \end{cases}$$

Durch diese Form der Klassierfunktion bekommt die Kristallzahldichteverteilung eine weitere Unstetigkeitsstelle bei L_p. Die Bilanzgleichung muß deshalb für jeden der drei Abschnitte $L \leqq L_F$, $L_F \leqq L \leqq L_P$ und $L \geqq L_P$ gelöst werden.

1. Für $L \leqq L_F$ gilt das gleiche wie für den Kristallisator ohne Produktklassierung. Die Lösungsfunktion lautet:

$$n(L) = \frac{r_N}{r_L} \exp\left(-\frac{L - L_K}{r_L \tau_F}\right) \tag{5-54}$$

2. Für den Abschnitt $L_F \leqq L \leqq L_P$ wird vorausgesetzt, daß Kristalle dieser Abmessungen nicht aus dem Kristallisator entfernt werden. Kristallkeime sind grundsätzlich kleiner als L_F. Unter diesen Umständen nimmt die Kristallzahlbilanzgleichung folgende Form an:

$$\frac{\mathrm{d}n(L)}{\mathrm{d}L} = 0$$

Mit der Anschlußbedingung

$$n(L_F) = \frac{r_N}{r_L} \exp\left(-\frac{L_F - L_K}{r_L \tau_F}\right) \quad \text{für} \quad L = L_F$$

entsteht die Lösungsfunktion

$$n(L) = \frac{r_N}{r_L} \exp\left(-\frac{L_F - L_K}{\tau_F r_L}\right) \tag{5-55}$$

3. Im Abschnitt $L \geqq L_P$ wird der klassierende Austrag wirksam. Die Bilanzgleichung lautet:

$$\frac{\mathrm{d}n(L)}{\mathrm{d}L} + \frac{n(L)}{\tau r_L} = 0$$

Mit der Anschlußbedingung

$$n(L_F) = \frac{r_N}{r_L} \exp\left(-\frac{L_F - L_K}{r_L \tau_F}\right) \quad \text{für} \quad L = L_P$$

ergibt sich als Lösungsfunktion

$$n(L) = \frac{r_N}{r_L} \exp\left(-\frac{L_F - L_K}{r_L \tau_F}\right) \exp\left(-\frac{L - L_P}{r_L \tau}\right) \tag{5-56}$$

Bei der Berechnung der Gesamtkristallmasse in der Suspension wird auch hier die Tatsache genutzt, daß der Feinkornanteil $< L_F$ verschwindend wenig zur Gesamtmasse der Kristalle beiträgt. Die Lösung der Gl. (5-49) für Kristalle $> L_F$ ergibt

$$m_K = \frac{V_{SB} \alpha \varrho_K r_N (r_L \tau)^4}{4 r_L} \exp\left(-\frac{L_F - L_K}{r_L \tau_F}\right) \times \left[Z_P^4 + 4Z_P^3 + 12Z_P^2 + 24Z_P + 24 - \frac{L_F}{r_L \tau}\right] \tag{5-57}$$

mit $Z_P = \dfrac{L_P}{r_L \tau} = \dfrac{3L_P}{L_{HP}}$

Die kontinuierlich entstehende Kristallmasse wird durch Integration der Gl. (5-50) erhalten:

$$\dot{m}_K = V_{SB} \alpha \varrho_K r_N \exp\left(-\frac{L_F - L_K}{r_L \tau_F}\right) (r_L \tau)^3 \left[Z_P^3 + 3Z_P^2 + 6Z_P + 6 - \left(\frac{L_F}{r_L \tau}\right)^3\right] \tag{5-58}$$

Eine Gleichung zur Berechnung der mittleren Verweilzeit für diesen Kristallisatortyp ergibt die Division von Gl. (5-57) und (5-58). Das Ergebnis ist jedoch komplizierterer als bei Kristallisatoren ohne Produktklassierung.

$$\tau = \frac{m_K}{\dot{m}_K} \cdot \frac{4\left[Z_P^3 + 3Z_P^2 + 6Z_P + 6 - \left(\frac{L_F}{r_L \tau}\right)^3\right]}{Z_P^4 + 4Z_P^3 + 12Z_P^2 + 24Z_P + 24 - \left(\frac{L_F}{r_L \tau}\right)^4} \tag{5-59}$$

Der Anteil der produzierten Kristallmenge, der durch den Feinkornabscheider abgetrennt wird, ergibt sich aus folgender Beziehung, die aus Gl. (5–51) abgeleitet wurde:

$$\dot{m}_{KF} = V_{SB}\alpha\varrho_K r_N (r_L \tau_F)^3 \{6 - \exp(-Z_F)[6 + 6Z_F + 3Z_F^2 + Z_F^3]\} \tag{5–60}$$

$$\text{mit } Z_F = \frac{L_F}{r_L \tau_F} = \frac{3L_F}{L_{HF}}$$

In ähnlicher Weise folgt aus Gl. (5–52) der Massenstrom des klassierten Kristallisates:

$$\dot{m}_{KP} = V_{SB}\alpha\varrho_K r_N \exp\left(-\frac{L_F - L_K}{r_L \tau_F}\right)(r_L\tau)^3 [Z_P^3 + 3Z_P^2 + 6Z_P + 6] \tag{5–61}$$

Die Übersättigung, die sich in der Lösung einstellt, wird nach Gl. (5–62) berechnet:

$$\frac{V_{SB}}{\tau}\left\{\alpha\varrho_K K_N K_L^3 \tau^4 \exp\left(-\frac{L_F - L_K}{K_L \Delta x^m \tau_F}\right)\Delta x^{3m+n} \times \left[Z_P^3 + 3Z_P^2 + 6Z_P + 6 - \left(\frac{L_F}{r_L\tau}\right)^3\right]\right\}^{\frac{1}{1-j}}$$
$$= \frac{\dot{m}_{LE}(x_E - x_S - \Delta x) + \dot{m}_{LMV}(x_S - \Delta x) - \dot{m}_{KF}\left(\frac{M_F}{M_K} - x_S - \Delta x\right)}{\frac{M_F}{M_K} - x_S - \Delta x} \tag{5–62}$$

Damit sind die Austrittskonzentration x_A und alle weiteren für die Berechnung eines Kristallisationsprozesses wichtigen Größen zugänglich gemacht.

Aus der Massenbilanz des Kristallisators folgt schließlich eine weitere Beziehung zur Berechnung der Produktkristallmenge:

$$\dot{m}_K = \frac{\dot{m}_{LE}(x_E - x_A) + \dot{m}_{LMV} x_A - \dot{m}_{KF}\left(\frac{M_F}{M_K} - x_A\right)}{\frac{M_F}{M_K} - x_A} \tag{5–63}$$

Zur Berechnung der Größe des häufigsten Kristalls der Produktkristallverteilung muß die Dichtefunktion des 3. Abschnittes der Verteilung herangezogen werden.

$$\frac{\mathrm{d}}{\mathrm{d}L}\left(L^3 \exp\left(-\frac{L - L_P}{r_L \tau}\right)\right) = 0$$

Es ergibt sich:

$$L_H = 3r_L \cdot \tau \quad \text{bei} \quad L_H > L_P$$
$$L_H = L_P \quad \text{bei} \quad L_H \leqq L_P$$

Die Abhängigkeit der Größe des häufigsten Kristalls im klassierten Produkt von der mittleren Verweilzeit der Produktkristalle τ, der mittleren Verweilzeit des Feinkornes τ_F, den für die Feinkornabscheidung und die Produktklassierung charakteristischen Größen L_F und L_P, dem Feststoffgehalt der Suspension und der kinetischen Parameter ist mit folgender impliziter Gleichung gegeben:

$$
\begin{aligned}
L_H &= a_4 \left(\frac{m_K}{V_{SB}}\right)^{\frac{(1-j)m}{3m+n}} \tau^{\frac{n-m}{3m+n}} \\
a_4 &= \left\{\alpha \varrho_K K_N \exp\left(-\frac{(L_F - L_K)\, 3\tau}{L_H \tau_F}\right)\right. \\
&\quad \left. \times \left[2Z_P^3 + 6Z_P^2 + 12Z_P + 6 - 2\left(\frac{L_F}{r_L \tau}\right)^3\right]\right\}^{\frac{-m}{3m+n}} \cdot a_5 \qquad \text{(5–64)} \\
a_5 &= 3^{\frac{2m-n}{3m+n}} K_L^{\frac{n}{3m+n}}
\end{aligned}
$$

Mit Hilfe dieses Gleichungssystems soll anhand eines Beispiels die Verhaltensweise des Kristallisationsprozesses in einem Kristallisator mit ideal durchmischter Suspension, Feinkornabscheidung und Produktkornklassierung dargestellt werden.

Beispiel 3:

An den Kristallisator, der in den Beispielen 1 und 2 behandelt wurde, ist zusätzlich eine Vorrichtung zur Produktklassierung angebaut worden. Damit soll eine weitere Einengung des Produktkornspektrums bewirkt werden. Die gewünschte Größe der häufigsten Kristalle ist 1 mm. Die Bedingungen für die Feinkornabscheidung entsprechen denen des Beispiels 2. Die der Berechnung zugrunde gelegten Daten sind dieselben wie im Beispiel 1. Die Aufgabe besteht darin, zu prüfen, wie die gestellten Ziele erfüllbar sind.

In Tab. 5–2 sind die Ergebnisse von 72 Variantenrechnungen enthalten, die den Einfluß der Feinkornabscheidung, der Produktkornklassierung und des Feststoffgehaltes auf das Kristallisationsergebnis verdeutlichen. Eine Verkürzung der mittleren Verweilzeit der Feinkorne τ_F bewirkt unter vergleichbaren Bedingungen einen merklichen Anstieg der Größe des häufigsten Kristalls L_H. In gleicher Weise wirken sich die Vergrößerung der Trennkorngröße für den Feinkornabscheider und des Feststoffgehaltes der Suspension aus, wohingegen die Erhöhung der Trennkorngröße der Produktkornklassierung eine Verminderung der Übersättigung hervorruft, die zu einem Absinken der Größe des häufigsten Kristalls führt, bis die limitierende Wirkung der Klassiervorrichtung diese Tendenz umkehrt. Dieses Verhalten ist zum Beispiel an den Varianten 9 bis 12 deutlich zu erkennen.

Die geforderte Zielstellung kann, das zeigen die Ergebnisse, auf unterschiedliche Weise erreicht werden. Welche Variante praktisch möglich wird, hängt von der Leistungsfähigkeit der einsetzbaren Klassiervorrichtungen ab.

Tabelle 5-2

Einfluß von Feinkornabscheidung und Produktkornklassierung auf die Größe des häufigsten Produktkristalls L_H

Nr.	L_F (mm)	L_P (mm)	τ_F (s)	τ (s)	Δx (Ma.-%)	$\dot{m}_{KP}$ (kg/s)	$\dot{m}_{KF}$ (kg/s)	L_H (mm)
$\varphi = 0,3$								
1	0,01	0,3	180	1202	0,00716	3,11	$4,7 \cdot 10^{-6}$	0,37
2		0,4		1199	0,00667	3,12	$3,7 \cdot 10^{-6}$	0,4
3		0,6		1199	0,00575	3,13	$2,4 \cdot 10^{-6}$	0,6
4		1,0		1185	0,00467	3,15	$1,1 \cdot 10^{-6}$	1,0
5	0,05	0,3		1214	0,00866	3,08	$1,57 \cdot 10^{-3}$	0,55
6		0,4		1214	0,00831	3,08	$1,28 \cdot 10^{-3}$	0,50
7		0,6		1218	0,00768	3,10	$0,85 \cdot 10^{-3}$	0,6
8		1,0		1192	0,0068	3,11	$0,42 \cdot 10^{-3}$	1,0
9	0,1	0,3		1233	0,00985	3,03	$1,6 \cdot 10^{-2}$	0,72
10		0,4		1233	0,0096	3,01	$1,3 \cdot 10^{-2}$	0,67
11		0,6		1234	0,0091	3,05	$0,95 \cdot 10^{-2}$	0,61
12		1,0		1214	0,00834	3,08	$0,52 \cdot 10^{-2}$	1,0
13	0,01	0,3	60	1214	0,008	3,09	$9,7 \cdot 10^{-6}$	0,47
14		0,4		1203	0,0076	3,10	$7,8 \cdot 10^{-6}$	0,42
15		0,6		1204	0,0069	3,11	$5,1 \cdot 10^{-6}$	0,6
16		1,0		1194	0,0059	3,13	$2,5 \cdot 10^{-6}$	1,0
17	0,05	0,3		1230	0,0108	3,04	$2,1 \cdot 10^{-3}$	0,86
18		0,4		1230	0,0106	3,04	$1,9 \cdot 10^{-3}$	0,82
19		0,6		1230	0,0101	3,05	$1,4 \cdot 10^{-3}$	0,76
20		1,0		1219	0,0095	3,06	$0,82 \cdot 10^{-3}$	1,0
21	0,1	0,3		1258	0,0128	2,97	$1,87 \cdot 10^{-2}$	1,24
22		0,4		1258	0,0127	2,97	$1,69 \cdot 10^{-2}$	1,21
23		0,6		1261	0,0123	2,99	$1,38 \cdot 10^{-2}$	1,15
24		1,0		1243	0,0118	3,00	$0,94 \cdot 10^{-2}$	1,04
25	0,01	0,3	30	1215	0,0089	3,07	$1,35 \cdot 10^{-5}$	0,58
26		0,4		1215	0,0086	3,08	$1,11 \cdot 10^{-5}$	0,54
27		0,6		1218	0,008	3,09	$0,75 \cdot 10^{-5}$	0,6
28		1,0		1193	0,0072	3,11	$0,38 \cdot 10^{-5}$	1,0
29	0,05	0,3		1245	0,0127	3,00	$2,36 \cdot 10^{-3}$	1,23
30		0,4		1245	0,0127	3,00	$2,13 \cdot 10^{-3}$	1,2
31		0,6		1247	0,0124	3,01	$1,74 \cdot 10^{-3}$	1,14
32		1,0		1237	0,0118	3,02	$1,17 \cdot 10^{-3}$	1,04
33	0,1	0,3		1281	0,0156	2,91	$2,02 \cdot 10^{-2}$	1,87
34		0,4		1281	0,0155	2,92	$1,90 \cdot 10^{-2}$	1,84
35		0,6		1284	0,0153	2,92	$1,67 \cdot 10^{-2}$	1,79
36		1,0		1269	0,0149	2,94	$1,3 \cdot 10^{-2}$	1,68

Fortsetzung Tabelle 5-2:

Nr.	L_F (mm)	L_P (mm)	τ_F (s)	τ (s)	Δx (Ma.-%)	$\dot{m}_{KP}$ (kg/s)	$\dot{m}_{KF}$ (kg/s)	L_H (mm)
$\varphi = 0{,}2$								
37	0,01	0,3	180	771	0,00802	3,10	$4{,}4 \cdot 10^{-6}$	0,3
38		0,4		772	0,00741	3,11	$3{,}6 \cdot 10^{-6}$	0,4
39		0,6		764	0,00637	3,12	$2{,}1 \cdot 10^{-6}$	0,6
40		1,0		764	0,00504	3,15	$0{,}96 \cdot 10^{-6}$	1,0
41	0,05	0,3		780	0,00964	3,06	$1{,}63 \cdot 10^{-3}$	0,44
42		0,4		780	0,00913	3,07	$1{,}29 \cdot 10^{-3}$	0,4
43		0,6		773	0,00830	3,08	$0{,}81 \cdot 10^{-3}$	0,6
44		1,0		773	0,00721	3,11	$0{,}38 \cdot 10^{-3}$	1,0
45	0,1	0,3		793	0,0108	3,01	$1{,}74 \cdot 10^{-2}$	0,56
46		0,4		793	0,0104	3,02	$1{,}42 \cdot 10^{-2}$	0,52
47		0,6		784	0,00976	3,04	$0{,}95 \cdot 10^{-2}$	0,6
48		1,0		784	0,00878	3,07	$0{,}48 \cdot 10^{-2}$	1,0
49	0,01	0,3	60	776	0,00898	3,07	$9{,}7 \cdot 10^{-6}$	0,38
50		0,4		776	0,00842	3,08	$7{,}6 \cdot 10^{-6}$	0,4
51		0,6		769	0,00748	3,10	$4{,}7 \cdot 10^{-6}$	0,6
52		1,0		769	0,00632	3,12	$2{,}2 \cdot 10^{-6}$	1,0
53	0,05	0,3		790	0,0118	3,02	$2{,}5 \cdot 10^{-3}$	0,66
54		0,4		790	0,0115	3,02	$2{,}1 \cdot 10^{-3}$	0,62
55		0,6		793	0,0109	3,04	$1{,}44 \cdot 10^{-3}$	0,6
56		1,0		773	0,00993	3,06	$0{,}77 \cdot 10^{-3}$	1,0
57	0,1	0,3		810	0,0139	2,94	$2{,}2 \cdot 10^{-2}$	0,93
58		0,4		810	0,0136	2,95	$1{,}9 \cdot 10^{-2}$	0,9
59		0,6		803	0,0132	2,97	$1{,}5 \cdot 10^{-2}$	0,84
60		1,0		803	0,0124	2,99	$0{,}91 \cdot 10^{-2}$	1,0
61	0,01	0,3	30	780	0,00992	3,06	$1{,}4 \cdot 10^{-5}$	0,46
62		0,4		780	0,00944	3,07	$1{,}1 \cdot 10^{-5}$	0,42
63		0,6		774	0,00864	3,08	$0{,}72 \cdot 10^{-5}$	0,6
64		1,0		774	0,00758	3,10	$0{,}35 \cdot 10^{-5}$	1,0
65	0,05	0,3		801	0,0139	2,98	$2{,}8 \cdot 10^{-3}$	0,93
66		0,4		801	0,0137	2,98	$2{,}5 \cdot 10^{-3}$	0,9
67		0,6		802	0,0132	3,0	$1{,}9 \cdot 10^{-3}$	0,84
68		1,0		793	0,0124	3,01	$1{,}15 \cdot 10^{-3}$	1,0
69	0,1	0,3		826	0,0167	2,88	$2{,}4 \cdot 10^{-2}$	1,38
70		0,4		826	0,0165	2,89	$2{,}2 \cdot 10^{-2}$	1,35
71		0,6		828	0,0162	2,90	$1{,}8 \cdot 10^{-2}$	1,3
72		1,0		815	0,0156	2,93	$1{,}3 \cdot 10^{-2}$	1,2

5.4. Kristallisation in Suspensionen mit idealer Kolbenströmung der dispersen und der kontinuierlichen Phase

Ist die freie Beweglichkeit der Kristalle in der Suspension eingeschränkt, z. B. in schlanken Kristallisatoren mit Suspensionsumlauf und hohem Feststoffgehalt oder großer Zähigkeit der Lösung [26], kann der Kristallisationsprozeß günstiger durch ein mathematisches Modell, das von der Voraussetzung einer Kolbenströmung ausgeht, beschrieben werden. Im einzelnen liegen diesem Modell folgende Beschränkungen zugrunde:

1. Die Lösung und der Feststoff bewegen sich mit der gleichen Geschwindigkeit.
2. Die Lösung und der Feststoff sind über den Querschnitt des Strömungskanals ideal durchmischt, in Strömungsrichtung tritt keine Durchmischung auf. Das bedeutet, die Teilchengrößenverteilung, der Feststoffgehalt und die Konzentration in der Lösung ändern sich mit dem Strömungsweg, bleiben jedoch über dem Strömungsquerschnitt konstant.
3. Die Strömungsgeschwindigkeit in Hauptströmungsrichtung ist keine Funktion des Strömungsweges.
4. Die Temperatur hat an allen Orten in der Suspension den gleichen Wert.
5. Am Eintritt in den Kristallisator kann die Lösung Impfkristalle der Verteilung $n_E(L)$ enthalten.
6. Kristalle unterschiedlicher Größe haben den gleichen Formfaktor.
7. Es treten weder Kristallzerstörung noch Agglomeration auf.
8. Neue Kristallisationszentren entstehen nur durch Sekundärkeimbildung.

5.4.1. Vollständiges Berechnungsverfahren

Die Anzahlverteilungsdichte der Kristalle und ihre Veränderung mit dem Strömungsweg z beschreibt die folgende Kristallzahlbilanzgleichung:

$$v_z \frac{\partial n(L, z)}{\partial z} + \frac{\partial [r_L n(L, z)]}{\partial L} = r_N \psi \tag{5-65}$$

r_L, r_N und ψ sind durch die Gln. (5–2), (5–3) und (5–4) ausreichend erklärt.

Als Anfangsbedingungen sind folgende Aussagen geeignet. Für $z = 0$ nehmen die Kristalle die Größe der Impfkristalle an, also gilt

$$L = L_E \quad \text{bei} \quad z = 0$$

Haben die Kristalle die Größe der Impfkristalle, dann hat auch die Verteilungsdichtefunktion die Form der Impfkristalle.

$$n(L, 0) = n_E(L) \quad \text{bei} \quad L = L_E \tag{5-66}$$

Um jedoch die Bilanzgleichung (5–65) lösen zu können, muß noch die Abhängigkeit der Übersättigung der Lösung vom Strömungsweg z bekannt sein. Sie kann auf folgende Weise gefunden werden: In einer differentiell schmalen Scheibe aus dem prismatischen Suspensionsvolumen mit der Höhe dz und dem Querschnitt A_q wird die Menge an Feststoff auskristallisieren, die sich mit der Ortskoordinate ändert.

$$\frac{\mathrm{d}m_K}{\mathrm{d}z} = 3\alpha\varrho_K A_q r_L(z) \int_{L_K}^{\infty} L^2 n(L, z)\,\mathrm{d}L + A_q \overline{m}_{K1N} r_N(z) \tag{5–67}$$

Schreibt man die Massenbilanz des auszukristallisierenden Stoffes auf und differenziert nach der Ortskoordinate z

$$\frac{\mathrm{d}m_K}{\mathrm{d}z} = \frac{(\dot{m}_{LE} - \dot{m}_K)\dfrac{\mathrm{d}x}{\mathrm{d}z} - \dfrac{\mathrm{d}}{\mathrm{d}z}(x\dot{m}_{LMV})}{x - \dfrac{M_F}{M_K}} \tag{5–68}$$

so ergibt sich durch Gleichsetzen von Gl. (5–67) und (5–68) die gesuchte Beziehung.

Die Anfangsbedingung zur Lösung dieser Differentialgleichung lautet:

$$x = x_E, \qquad m_{LMV} = 0 \text{ bei } z = 0 \tag{5–69}$$

Die Übersättigung ist schließlich durch die Definitionsgleichung

$$\Delta x = x - x_s(T)$$

gegeben.

Die Feststoffmasse, die sich im Kristallisator befindet, wird mit Hilfe der Verteilungsdichtefunktion berechnet. Dabei ist zu berücksichtigen, daß die Feststoffmasse nicht nur von der Korngröße und ihrer Häufigkeit, sondern auch vom zurückgelegten Strömungsweg z abhängt.

$$m_K = \frac{V_{SB}\alpha\varrho_K}{H} \int_{L_K}^{\infty} \int_{0}^{H} L^3 n(L, z)\,\mathrm{d}z\,\mathrm{d}L \tag{5–70}$$

Die pro Zeiteinheit produzierte Kristallmasse ergibt sich aus dem Produkt des Volumenstromes der Suspension, die den Kristallisator verläßt, und dem volumenbezogenen Feststoffanteil in dieser Suspension am Kristallisatoraustritt.

$$\dot{m}_K = \dot{V}_{SA}\alpha\varrho_K \int_{L_K}^{\infty} L^3 n(L, H)\,\mathrm{d}L \tag{5–71}$$

Die Lösung des obigen Gleichungssystems ist nur auf numerischem Wege möglich.

5.4.2. *Vereinfachtes Berechnungsverfahren*

Neben der konstanten Übersättigung wird vorausgesetzt, daß der Druck in der Suspension sich nur wenig mit z ändert. Derartiges tritt in liegenden Kristallisatoren mit kleiner Flüssigkeitshöhe auf. Damit bleibt die Konzentration x konstant, da die Temperatur T wegen der Druckkonstanz und damit auch die Sättigungskonzentration x_S unverändert bleiben. Der Einfluß weiterer Komponenten der Lösung auf x_S kann also bei diesem vereinfachten Verfahren nicht berücksichtigt werden. Als weitere Näherung wird festgelegt, daß sich die Strömungsgeschwindigkeit in z-Richtung nicht ändert, obwohl ständig Lösungsmittel verdampft. Die Volumenabnahme soll gerade durch das Volumen der Dampfblasen kompensiert werden, die in der Suspension zur freien Oberfläche aufsteigen. Die Teilchenzahlbilanzgleichung vereinfacht sich zu

$$v_z \frac{\partial n(L, z)}{\partial z} + r_L \frac{\partial n(L, z)}{\partial L} = r_N \psi \tag{5–72}$$

Mit der Voraussetzung $v_Z = \text{const}$ ist auch $\tau = \tau_E$ gegeben. Die Bilanzgleichung kann nun nach der Methode der Charakteristiken für die Anfangsbedingung (5–66) gelöst werden. Es ergibt sich

$$n(L, z) = n_E(L_E, 0) + \frac{r_N}{r_L} \exp\left(-\frac{L - L_K}{\mu}\right)\left[\exp\left(\frac{r_L z}{v_Z \mu}\right) - 1\right] \tag{5–73}$$

mit

$$L_E = L - \frac{r_L}{v_Z} z = L - \tau r_L$$

Für nicht zu lange mittlere Verweilzeiten und kleine Keimbildungsgeschwindigkeit kann der zweite Summand auf der rechten Seite von Gl. (5–73) gegenüber dem ersten vernachlässigt werden. Das ist gleichbedeutend mit der Einschränkung, daß die eben gebildeten Kristallkeime während einer mittleren Verweilzeit wenig zur Verteilungsdichtefunktion der Kristalle beitragen; dies ist bei sehr zähen Lösungen unter den gegebenen Umständen bis zu einem gewissen Grade auch der Fall. Es gilt somit:

$$n(L, z) \approx n_E(L_E, 0) \tag{5–74}$$

mit

$$L_E = L - \tau r_L$$

Wird diese Verteilungsfunktion in Gl. (5–70) und Gl. (5–71) eingesetzt und integriert, so erhält man die Kristallmasse im Kristallisator mit

$$m_K = V_{SB} \left(\frac{N}{V_S}\right)_E \frac{3\alpha \varrho_K v_Z}{2H r_L} \left\{\left(\bar{L}_E + \frac{r_L}{v_Z} H\right)^4 - \bar{L}_E^4\right\} \tag{5–75}$$

und den aus dem Kristallisator austretenden Produktkristallstrom

$$\dot{m}_K = \dot{V}_{SA} \left(\frac{N}{V_S}\right)_E 6\alpha\varrho_K \left(\bar{L}_E + \frac{r_L}{v_Z} H\right)^3 \tag{5-76}$$

Um die eingangs formulierte Forderung nach Übersättigungskonstanz realisieren zu können, ist die Verdampfungsleistung nach folgender Funktion, die aus der Massenbilanz (5–68) und Gl. (5–76) entsteht, über den Strömungsweg z zu verteilen:

$$\dot{m}_{LMV} - \dot{V}_{SA} \left(\frac{N}{V_S}\right)_E \frac{1-x}{x} 6\alpha\varrho_K \left(\bar{L}_E + \frac{r_L}{v_Z} z\right)^3 \tag{5-77}$$

Das bedeutet, daß entsprechend der Potenzfunktion am Anfang des Kristallisators die kleinste Wärmemenge und am Ende die größte übertragen werden muß, um Übersättigungsabbau und -erzeugung im Gleichgewicht zu halten. Ein analoges Ergebnis erhält man bei diskontinuierlichen Kristallisationsprozessen. Die Wärmemengenzufuhr ist dann jedoch eine Funktion der Prozeßdauer.

Beispiel 4:

In einem kontinuierlichen Verdampfungskristallisator liegender Bauweise werden stündlich 80 m³ Salzlösung mit einer Eintrittskonzentration von $x_E = 0{,}72$ Massenanteilen des auszukristallisierenden Stoffes in der Lösung verarbeitet. Die Sättigungskonzentration ist $x_S = 0{,}68$ Massenanteile bei der mittleren Arbeitstemperatur des Kristallisators. In Vorversuchen wurde festgestellt, daß die Breite des metastabilen Bereiches etwa 0,10 Massenanteile beträgt. Der Prozeß soll bei einer Übersättigung von 4 Massenprozent ablaufen. Bei dieser Übersättigung hält sich die Keimbildung noch in Grenzen. Ihre Abhängigkeit von der Kristallmasse in der Suspension konnte nicht eindeutig bestimmt werden. Weiter sind bekannt:

$\varrho_K = 1700\ \text{kg/m}^3$	$n = 4$
$\varrho_{LM} = 1000\ \text{kg/m}^3$	$m = 1{,}3$
$\varrho_L = 1300\ \text{kg/m}^3$	$K_N = 10^8\ \text{St/m}^3\text{/s/ET}^4$
$\alpha = 1{,}5$	$K_L = 6 \cdot 10^{-6}\ \text{m/s/ET}^{1,3}$
$M_F = M_K$	$L_K = 8 \cdot 10^{-8}\ \text{m}$

Als Impfkristalle werden Kristalle mit folgender Anzahlverteilungsdichte eingespeist:

$$n_E(L_E, 0) = \frac{1}{\bar{L}_E} \exp\left(-\frac{L - L_K}{\bar{L}_E}\right)$$

$\bar{L}_E = 10 \cdot 10^{-6}$ m.

Die Größe des Impfkristalls, der in der Massenverteilung am häufigsten auftritt, ist $L_{HJ} = 30 \cdot 10^{-6}$ m. Erzielt werden soll ein Kristallisat mit einer häufigsten Korngröße $L_H = 1{,}2$ mm.

Bestimmt werden sollen die Hauptabmessungen Länge und Durchmesser des Kristallisators, die Impfkristall- und die Produktkristallmenge und deren Häufigkeitsverteilung. Die Suspension wird so weit eingedickt, daß am Ende des Kristallisators der Feststoffanteil bei 40% der Gesamtmasse liegt. Eine größere Aufkonzentrierung kann nicht erreicht werden, da die Zähigkeit der Masse dann so ansteigt, daß ihre Beweglichkeit zu stark eingeschränkt wird und in der Nähe der Heizflächen eine unerwünschte Überhitzung der Suspension auftreten würde.

Als erstes werden die Kristallwachstums- und die Keimbildungsgeschwindigkeit berechnet:

$$r_L = K_L \Delta x^m = 6 \cdot 10^{-6}(0{,}04)^{1{,}3} = 9{,}06 \cdot 10^{-8}\,\frac{\mathrm{m}}{\mathrm{s}}$$

$$r_N = K_N \Delta x^n = 10^8(0{,}04)^4 = 256\,\frac{\mathrm{St}}{\mathrm{m^3\,s}}$$

Die Kristallmasse, die unter diesen Bedingungen pro Volumeneinheit auskristallisiert, wird aus der Definitionsgleichung für den Kristallanteil in der Suspension

$$\varphi_M = \frac{\dot m_K}{\dot m_{LA} + \dot m_K} = 0{,}4 = \frac{\dot m_K}{\dot m_{LE} - \dot m_{LMV}}$$

in Verbindung mit der Massenbilanz errechnet.

$$\dot m_K = \frac{x}{1-x}\,\dot m_{LMV}$$

$$\dot m_K = \frac{\varphi_M \dot V_{LE} \varrho_L}{1 + \dfrac{\varphi_M(1-x)}{x}} = \frac{0{,}4 \cdot 80 \cdot 1300}{1 + \dfrac{0{,}4 \cdot 0{,}28}{0{,}72}} = 35\,986\,\frac{\mathrm{kg}}{\mathrm{h}}$$

Die Lösungsmittelmenge, die verdampft werden muß, beträgt

$$\dot m_{LMV} = 35\,986\,\frac{0{,}28}{0{,}72} = 13\,995\ \mathrm{kg/h}$$

Die Impfkristallmenge wird mit Hilfe der Masse des mittleren Kristalls der Produkt- und der Impfkristallverteilung berechnet.

$$\frac{\dot m_K}{\overline{m}_{1KP}} = \frac{\dot m_{JK}}{\overline{m}_{1JK}} = \dot N$$

$$\overline{m}_{1KP} = 6\alpha\varrho_K \bar L_P^3 = 6 \cdot 1{,}5 \cdot 1700 \cdot 0{,}4^3 \cdot 10^{-9} = 0{,}979 \cdot 10^{-6}\ \mathrm{kg}$$

$$\overline{m}_{1JK} = 6\alpha\varrho_K \bar L_E^3 = 6 \cdot 1{,}5 \cdot 1700 \cdot 10^{-15} = 1{,}53 \cdot 10^{-11}\ \mathrm{kg}$$

$$\dot m_{JK} = 35\,986\,\frac{1{,}53 \cdot 10^{-11}}{0{,}979 \cdot 10^{-6}} = 0{,}562\,\frac{\mathrm{kg}}{\mathrm{h}}$$

Die Impfkristallzahl pro Volumeneinheit am Eintritt in den Kristallisator ist nun berechenbar:

$$\left(\frac{\dot{N}}{V_S}\right)_E = \frac{\dot{m}_K}{\overline{m}_{1PK}\left(\dot{V}_{LE} + \frac{\dot{m}_{JK}}{\varrho_K}\right)}$$

$$= \frac{35986}{0{,}979 \cdot 10^{-6}\left(80 + \frac{0{,}74}{1700}\right)} = 4{,}59 \cdot 10^8 \,\frac{\mathrm{St}}{\mathrm{m}^3}$$

Die mittlere Verweilzeit der Lösung wird aus der Gleichung für das Kristallwachstum bestimmt:

$$\tau = \frac{\bar{L}_P - \bar{L}_E}{r_L} = \frac{(0{,}4 - 0{,}01) \cdot 10^{-3}}{9{,}06 \cdot 10^{-8}} = 4305\,\mathrm{s}$$

Das Volumen, das die Suspension im Kristallisator einnimmt, wird aus der Definitionsgleichung für τ errechnet. Voraussetzungsgemäß gilt dabei, daß der Suspensionsstrom am Austritt wegen der Gasblasen genau so groß ist wie der Lösungsstrom am Eintritt.

$$V_{SB} = 1{,}196 \cdot 80 = 95{,}7\,\mathrm{m}^3$$

Die Kristallisatorhauptabmessungen ergeben sich wie folgt: Es wird festgelegt, daß die Länge des Kristallisators H dreimal so groß wie sein Durchmesser sein soll. Um einen genügend großen Brüdenraum zu gewährleisten, wird der Kristallisator nur bis zu 40% des Gesamtvolumens mit Suspension gefüllt.

$$V_{SB} = 0{,}4 \cdot \frac{\pi}{4}\,\frac{H^3}{9}$$

$$H = \left(\frac{95{,}7 \cdot 36}{\pi \cdot 0{,}4}\right)^{1/3} = 14\,\mathrm{m}$$

$$D = 4{,}7\,\mathrm{m}$$

Diese Abmessungen entsprechen bei einem Füllgrad von 40% einem Suspensionsvolumen von 97,1 m³.

5.5. Kristallisation in Suspensionen mit ideal durchmischter disperser Phase und Kolbenströmung der kontinuierlichen Phase

Für schlanke Kristallisatoren, in denen das Kristallbett im wesentlichen in Form einer Wirbelschicht vorliegt, z. B. bei sogenannten Wachstumskristallisatoren oder Wirbelschichtkristallisatoren, kommt ein Modell, bei dem Kolbenströmung der Lösung und ideale Durchmischung der dispersen Phase vorausgesetzt wird, den Realitäten am nächsten. Ein kurzes Wirbelbett behandelt man dagegen sinnvoller wie eine ideal durchmischte Suspension. In einem Wirbelbett sind die Feststoffteilchen meist über das gesamte Volumen gleichmäßig verteilt, sowohl bezüglich der Menge als auch der Korngröße. Die Kolbenströmung der kontinuierlichen Phase stellt eine gewisse Vereinfachung der Realität dar. Daneben ist zu beachten, daß die Lösung, die das Kristallbett in der Schwebe hält, entsprechend ihrer Geschwindigkeit immer eine gewisse Menge an Feinkorn mitreißt. Zirkuliert diese Lösung im Kristallisatorinneren, ohne das sie an einer Stelle untersättigt wird, dann ergibt sich lediglich, daß die Wachstumsbedingungen dieser Feinkorne anders sind als die der Kristalle im Wirbelbett. Für sie würden Modellvorstellungen gelten, die denen im Kap. 5.4. vorgestellten entsprechen. Wird die zirkulierende Lösung auf ihrem Weg durch den Kristallisator untersättigt, lösen sich die Feinkorne zum Teil bzw. vollständig auf, und der Kristallisationsprozeß ähnelt dem im Kap. 5.2. behandelten Fall. Entsprechendes geschieht, wenn die Lösung, nachdem sie das Kristallbett verlassen hat, aus dem Kristallisator austritt, wie das z. B. bei Wirbelbettkristallisatoren der Fall ist. Hier soll nur dieser letzte Fall betrachtet werden.

Dem mathematischen Modell liegen folgende Vereinfachungen zugrunde:

1. Der Feststoff ist in Strömungsrichtung der kontinuierlichen Phase und quer dazu ideal vermischt, das bedeutet, daß die Teilchengrößenverteilung und der Feststoffgehalt keine Funktion des Ortes sind. Kristalle kleiner L_F werden von der Lösung mitgerissen.
2. Die kontinuierlich durch das Kristallbett hindurchströmende Lösung soll senkrecht zur Hauptströmungsrichtung, d. h. sowohl radial als auch in Umfangsrichtung ideal durchmischt sein. In der Hauptstromrichtung wird die Durchmischung vernachlässigt, das bedeutet, daß in z-Richtung mit einem Konzentrationsgradienten gerechnet werden muß.
3. Die Strömungsgeschwindigkeit in z-Richtung ist konstant.
4. Das Modell wird für die mittlere Temperatur T der Suspension aufgeschrieben.
5. Kristalle unterschiedlicher Größe haben die gleichen Formfaktoren.
6. Agglomeration oder Kristallzerstörung treten nicht auf.
7. Neue Kristallisationszentren entstehen nur durch Sekundärkeimbildung.

5.5.1. *Vollständiges Berechnungsverfahren*

Die Anzahldichteverteilung der Kristalle wird unter den genannten Bedingungen durch die Differentialgleichung

$$\frac{\mathrm{d}[r_L n(L)]}{\mathrm{d}L} = r_N \psi - \frac{n(L)}{\tau} - \frac{n(L)\ p_F(L)}{\tau_F} \tag{5-78}$$

beschrieben. Die Anfangsbedingung lautet:

Für $L = L_K$ ist $n = n_0 = r_N \tau \psi_0$ bei beliebigem t.

Da die kinetischen Koeffizienten von der Konzentration der wirksamen Übersättigung abhängen, müssen zur Lösung zusätzlich die Massenbilanzen herangezogen werden (s. a. Kap. 5.4.).

$$\frac{\mathrm{d}\dot{m}_K}{\mathrm{d}z} = \frac{(\dot{m}_{LE} - \dot{m}_K)\dfrac{\mathrm{d}x}{\mathrm{d}z} - \dfrac{\mathrm{d}(x m_{LMV})}{\mathrm{d}z}}{x - \dfrac{M_F}{M_K}} \tag{5-79}$$

Den Einfluß der Kristallisation auf die Konzentration erfaßt man mit der Summe der durch Kristallisation ausgeschiedenen Kristallmassen:

$$\frac{\mathrm{d}\dot{m}_K}{\mathrm{d}z} = A_q \left[\overline{m}_{K1N} r_N(z) + 3\varrho_K r_L(z) \int_{L_K}^{\infty} L^2 n(L, z)\,\mathrm{d}L\right] \tag{5-80}$$

Werden für r_N und r_L die entsprechenden Ausdrücke eingesetzt, so können unter Berücksichtigung der Gln. (5-78) bis (5-80) die Übersättigung und die Kristallgrößenverteilung als Funktion von z berechnet werden. Zu beachten ist, daß für das Suspensionsvolumen V_{SB} nur das Wirbelbettvolumen eingesetzt wird. Die Feststoffmenge in der Suspension beträgt

$$m_K = V_{SB} \alpha \varrho_K \int_{L_K}^{\infty} L^3 n(L)\,\mathrm{d}L \tag{5-81}$$

Die Lösung des Gleichungssystems (5-78) bis (5-81) erfolgt mit Hilfe geeigneter numerischer Verfahren. Eine Näherungslösung, die analytisch gewonnen werden kann, wird im folgenden beschrieben.

5.5.2. *Vereinfachtes Berechnungsverfahren*

Dieses Berechnungsverfahren ist für eine Kühlungskristallisation abgeleitet, bei der die Übersättigung der Lösung bereits vor ihrem Kontakt mit den Kristallen erzeugt wurde, d. h., in der Suspension verdampft kein Lösungsmittel. Es empfiehlt sich deshalb bei der Lösung dieser Aufgabe als Bezugsgröße für die Konzentrationsmaße nicht die Lösungsmenge, sondern die während des Kristallisationsprozesses unveränderte Lösungsmittelmasse zu wählen. Anstatt mit Massenanteilen wird in dem vorliegenden speziellen Fall mit Massenverhältnissen gerechnet.

$$X = \frac{m_K}{m_{LM}}$$

Die Übersättigung hat am Eintritt in das Kristallbett die Größe ΔX_E und am Austritt ΔX_A. Die Temperatur der Lösung und damit auch die Sättigungskonzentration X_S bleiben im wesentlichen unverändert.

Die Lösung der Teilchenzahlbilanzgleichung erfolgt unter denselben Bedingungen wie im Kap. 5.2.2. Die Lösung wird deshalb von dort übernommen.

$$\begin{aligned} n(L) &= \frac{\bar{r}_N}{\bar{r}_L} \exp\left(-\frac{L - L_K}{\bar{r}_L \tau_F}\right) \qquad L < L_F \\ n(L) &= \frac{\bar{r}_N}{\bar{r}_L} \exp\left(-\frac{L_F - L_K}{\bar{r}_L \tau_F}\right) \exp\left(-\frac{L - L_F}{\bar{r}_L \tau_F}\right) \qquad L > L_F \end{aligned} \tag{5-82}$$

Unter der Voraussetzung einer idealen Durchmischung der dispergierten Phase ist die Verteilungsdichte keine Funktion von z, und die Keimbildungs- und Kristallwachstumsgeschwindigkeiten können als Mittelwerte über die Wirbelbetthöhe eingesetzt werden.

Aus der Massenbilanz folgt bei Beachtung der neuen Konzentrationsmaße

$$\frac{\mathrm{d}\dot{m}_K}{\mathrm{d}z} = -\dot{m}_{LME} \frac{\mathrm{d}\Delta X}{\mathrm{d}z} \tag{5-83}$$

Die kinetischen Gleichungen liefern andererseits bei Vernachlässigung der Keimmasse (s. Kap. 5.4.1.)

$$\frac{\mathrm{d}\dot{m}_K}{\mathrm{d}z} = a_1 \Delta X^m \tag{5-84}$$

$$a_1 = 6 A_q \alpha \varrho_K K_L \frac{\bar{r}_N}{\bar{r}_L} \exp\left(-\frac{L_F - L_K}{\bar{r}_L \tau_F}\right) (\bar{r}_L \tau)^3$$

(a_1 wurde hier zur Verkürzung der Schreibweise eingeführt).

Die für die Kristallisation notwendige Wirbelschichthöhe H ergibt sich nach Gleichsetzung von Gl. (5–83) und (5–84) aus der Integration des so erhaltenen Ergebnisses zwischen den Grenzen 0 und H.

$$H = \frac{\dot{m}_{LME}}{a_1(m-1)} \left[\frac{1}{\Delta X^{m-1}} - \frac{1}{\Delta X_E{}^{m-1}}\right] \tag{5-85}$$

Für den speziellen Fall $m = 1$ gilt:

$$H = \frac{\dot{m}_{LME}}{a_1} \ln \frac{\Delta X_E}{\Delta X_A} \tag{5-86}$$

Zur Berechnung des Zahlenwertes von a_1 müssen die Mittelwerte der Kristallwachstums- und Keimbildungsgeschwindigkeiten bekannt sein. Zu diesem Zweck wird der Mittelwert der Triebkraftpotenz über die Wirbelschichthöhe gebildet:

$$\overline{\Delta X^b} = \frac{1}{H} \int_0^H \Delta X^b \, \mathrm{d}z \tag{5-87}$$

Die funktionelle Abhängigkeit der Triebkraft von z ist durch Gl. (5–84) gegeben. Nach Integration und unter Verwendung von Gl. (5–85) ergibt sich für $b \neq 1$ eine einfache Mittelwertformel.

$$\overline{\Delta X^b} = \frac{(b-1)(\Delta X_E - \Delta X_A)}{\left(\frac{1}{\Delta X_A}\right)^{b-1} - \left(\frac{1}{\Delta X_E}\right)^{b-1}} \tag{5–88}$$

Ist $b = 1$, so erhält man das bekannte logarithmische Mittel

$$\overline{\Delta X} = \frac{\Delta X_E - \Delta X_A}{\ln \frac{\Delta X_E}{\Delta X_A}} \tag{5–89}$$

Die mittlere Kristallwachstumsgeschwindigkeit und die mittlere Keimbildungsgeschwindigkeit sind nun berechenbar.

$$\bar{r}_L = K_L \overline{\Delta X^m} \tag{5–90}$$

$$\bar{r}_N = K_N \overline{\Delta X^n} \left(\frac{m_K}{V_{SB}}\right)^j \tag{5–91}$$

Die in der Wirbelschicht pro Zeiteinheit erzeugte Kristallmenge kann nach folgender Gleichung berechnet werden:

$$\dot{m}_K = 6AqH\alpha\varrho_K\,\bar{r}_N \exp\left(-\frac{L_F - L_K}{\tau_F \bar{r}_L}\right)(\bar{r}_L\tau)^3, \tag{5–92}$$

und die Kristallmasse in der Suspension nach Gl. (5–93).

$$\dot{m}_K = 6AqH\alpha\varrho_K \frac{\bar{r}_N}{\bar{r}_L} \exp\left(-\frac{{}_FL - L_K}{\tau_F \bar{r}_L}\right)(\bar{r}_L\tau)^4 \tag{5–93}$$

Für die mittlere Verweilzeit der Produktkristalle gilt:

$$\tau = \frac{m_K}{\dot{m}_K} = \frac{m_K}{\dot{m}_{LME}(X_E - X_A)} \tag{5–94}$$

Beispiel 5:

In einem Wirbelschichtkristallisator sollen stündlich 10 m^3 einer wäßrigen Salzlösung, die keine weiteren Bestandteile enthält, verarbeitet werden. Die Lösung tritt mit $x_E = 0{,}43$ Massenanteilen in die Wirbelschicht ein. Die Sättigungskonzentration ist bei der Kristallisationstemperatur $x_S = 0{,}40$. Beim Durchgang durch das Wirbelbett soll die Übersättigung bis auf 10% des Anfangswertes abgebaut werden. Es wird eine Kristallgröße von 0,6 mm angestrebt. Weiterhin sind folgende Größen aus der Literatur bekannt bzw. in Vorversuchen experimentell bestimmt worden:

$$\varrho_K = 2000\,\mathrm{kg/m^3} \qquad M_F = M_K$$
$$\varrho_L = 1200\,\mathrm{kg/m^3} \qquad K_N = 3{,}03 \cdot 10^{12}\,\mathrm{St\,m^{1,5}\,kg^{-1,5}\,s^{-1}\,ET^{-4}}$$
$$\mu_L = 5 \cdot 10^{-3}\,\mathrm{Pas} \qquad K_L = 10^{-3}\,\mathrm{m\,s^{-1}\,ET^{-2}}$$
$$\alpha = 1 \qquad L_N = 10^{-8}\,\mathrm{m}$$
$$m = 2$$
$$n = 4$$
$$j = 1{,}5$$

Es sind die Höhe und der Durchmesser des Wirbelbettes und die produzierte Kristallmasse zu berechnen. Der Feststoffanteil in der Suspension soll 20 Masseprozent nicht übersteigen.

Der Strömungsquerschnitt und die Strömungsgeschwindigkeit der Lösung ergeben sich aus hydrodynamischen Betrachtungen.

$$A_q = \frac{V_L}{w_0}$$
$$w_0 = w\varphi_L$$
$$w = u_R w_s$$

Zur Berechnung von u_R wird eine von GARSIDE [27] vorgeschlagene Gleichung benutzt. Die hierbei benötigte Schwebegeschwindigkeit wird für den häufigsten Kristall nach den Gleichungen von STOKES, NEWTON oder KASKAS berechnet [28]:

$$Ga = \frac{L^3(\varrho_K - \varrho_L)\,\varrho_L g}{\mu^2}$$
$$= \frac{0{,}6^3 \cdot 10^{-9}(2000 - 1200)\,1200 \cdot 9{,}81}{25 \cdot 10^{-6}} = 81{,}4$$

Orientierungsrechnungen ergaben, daß die REYNOLDS-Zahl im Übergangsgebiet liegt ($0{,}2 < \mathrm{Re}_S < 500$), und es gilt die Beziehung von KASKAS:

$$\mathrm{Ga} = 18\,\mathrm{Re}_S + 3\,\mathrm{Re}_S^{2/3} + 0{,}3\,\mathrm{Re}_S^2$$

Damit kann die Größe der REYNOLDS-Zahl angegeben werden, aus der die Schwebegeschwindigkeit des häufigsten Einzelkorns folgt.

$$\mathrm{Re}_S = 3{,}86$$
$$w_s = \mathrm{Re}_S \frac{\mu_L}{\varrho_L L} = 3{,}86\,\frac{5 \cdot 10^{-3}}{1200 \cdot 0{,}6 \cdot 10^{-3}} = 0{,}0268\,\frac{\mathrm{m}}{\mathrm{s}}$$

Der Volumenanteil der Lösung in der Suspension ist

$$\varphi_L = \frac{1}{1 + \frac{\varphi_M \varrho_L}{(1 - \varphi_M)\, \varrho_K}} = \frac{1}{1 + \frac{0{,}3 \cdot 1200}{0{,}7 \cdot 2000}} \approx 0{,}8$$

Damit ist die relative Schwebegeschwindigkeit u_R in der Wirbelschicht berechenbar:

$$u_R = \frac{0{,}06\, \mathrm{Re}_S \varphi_L^{1{,}68} + \varphi_L^{4{,}14}}{1 + 0{,}06\, \mathrm{Re}_S}$$

$$= \frac{0{,}06 \cdot 3{,}86 \cdot 0{,}8^{1{,}68} + 0{,}8^{4{,}14}}{1 + 0{,}06 \cdot 3{,}86} = 0{,}498$$

$$w = 0{,}498 \cdot 0{,}023 = 0{,}0133\, \frac{\mathrm{m}}{\mathrm{s}}$$

$$w_0 = 0{,}0133 \cdot 0{,}8 = 0{,}0126\, \frac{\mathrm{m}}{\mathrm{s}}$$

$$A_q = \frac{10}{3600 \cdot 0{,}0106} = 0{,}261\ \mathrm{m}^2$$

$$D = 0{,}577\ \mathrm{m}$$

Der Durchmesser beträgt 0,6 m.

$$A_q = 0{,}283\ \mathrm{m}^2$$

$$w_0 = \frac{10}{3600 \cdot 0{,}283} = 0{,}00982\, \frac{\mathrm{m}}{\mathrm{s}}$$

$$\varphi_L = \frac{w_0}{w_s} \frac{1 + 0{,}06 \cdot \mathrm{Re}_S}{0{,}06 \cdot \mathrm{Re}_S \varphi_L^{1{,}68} + \varphi_L^{4{,}14}}$$

$$= \frac{0{,}00982}{0{,}0268} \frac{1{,}232}{0{,}232 \varphi_L^{1{,}68} + \varphi_L^{4{,}14}} = 0{,}802$$

Beim Durchströmen der Wirbelschicht werden von der Lösung Teilchen mitgerissen, deren Größe kleiner oder gleich L_F ist.

$$L_F = \sqrt{\frac{18 w_s \mu_L}{g(\varrho_K - \varrho_L)}}$$

$$= \sqrt{\frac{18 \cdot 0{,}00982 \cdot 5 \cdot 10^{-3}}{9{,}81(2000 - 1200)}} = 0{,}335 \cdot 10^{-3}\ \mathrm{m}$$

$$\mathrm{Re} = \frac{0{,}00982 \cdot 0{,}335 \cdot 1200 \cdot 10^{-3}}{5 \cdot 10^{-3}} = 0{,}79$$

Die notwendige Suspensionsschichthöhe folgt aus Gl. (5–85). Es müssen noch folgende Größen berechnet werden:

Übersättigung am Eintritt:

$$\Delta X_E = X_E - X_S$$
$$= 0{,}818 - 0{,}667 = 0{,}151$$

Übersättigung am Austritt:

$$\Delta X_A = 0{,}1 \Delta X_E = 0{,}0151$$

Mittlere Übersättigung:

$$\Delta \overline{X^2} = \frac{(2-1)(0{,}151 - 0{,}0151)}{\dfrac{1}{0{,}0151} - \dfrac{1}{0{,}151}} = 2{,}28 \cdot 10^{-3}$$

$$\Delta \overline{X^4} = \frac{(4-1)(0{,}151 - 0{,}0151)}{\left(\dfrac{1}{0{,}0151}\right)^3 - \left(\dfrac{1}{0{,}151}\right)^3} = 1{,}405 \cdot 10^{-6}$$

Feststoffgehalt in der Suspension:

$$\frac{m_K}{V_{SB}} = (1 - \varphi_L)\,\varrho_K$$
$$= (1 - 0{,}8)\,2000 = 400\,\frac{\text{kg}}{\text{m}^3}$$

Mittlere Kristallwachstumsgeschwindigkeit:

$$\bar{r}_L = K_L \Delta \overline{X^2}$$
$$= 10^{-3}\,2{,}28 \cdot 10^{-3} = 2{,}28 \cdot 10^{-6}\,\frac{\text{m}}{\text{s}}$$

Mittlere Keimbildungsgeschwindigkeit:

$$\bar{r}_N = K_N \Delta \overline{X^4} \left(\frac{m_K}{V_{SB}}\right)^{1,5}$$
$$= 3{,}03 \cdot 10^{12} \cdot 1{,}405 \cdot 10^{-6} \cdot 400^{1\,5} = 3{,}4 \cdot 10^{10}\,\frac{\text{St}}{\text{m}^3\,\text{s}}$$

Lösungsmittelstrom:

$$\dot{m}_{LM} = \dot{m}_{LE}(1 - X_E)$$
$$= 10 \cdot 1200(1 - 0{,}45) = 6600\,\frac{\text{kg}}{\text{h}}$$

Kristallproduktstrom:

$$\dot{m}_K = \dot{m}_{LM}(X_E - X_A)$$
$$= 6600(0{,}818 - 0{,}682) = 897{,}6\,\frac{\text{kg}}{\text{h}}$$

Mittlere Verweilzeit der Kristalle:

$$\tau = \frac{L_H}{3\bar{r}_L} = \frac{0{,}6 \cdot 10^{-3}}{3 \cdot 2{,}28 \cdot 10^{-6}} = 87{,}7 \text{ s}$$

Das Wirbelbett wird unter den gegebenen Bedingungen folgende Höhe haben:

$$a_1 = 6 \cdot 0{,}283 \cdot 1 \cdot 2000 \cdot 10^{-3} \frac{3{,}4 \cdot 10^{10}}{2{,}28 \cdot 10^{-6}} \exp \times \left(-\frac{0{,}335 \cdot 10^{-3} - 10^{-8}}{203{,}8 \cdot 2{,}28 \cdot 10^{-6}}\right) (2{,}28 \cdot 10^{-6} \cdot 87{,}7)^3 = 324\,700$$

$$H = \frac{6600}{324\,700} \cdot \frac{0{,}151 - 0{,}0151}{2{,}28 \cdot 10^{-3}} = 1{,}21 \text{ m}$$

5.6. Reihenschaltung von Kristallisatoren

Aus verschiedenen Gründen kann es vorteilhaft sein, Kristallisationsprozesse in mehreren hintereinander geschalteten Stufen ablaufen zu lassen [16, 29, 30]. Bei der Kühlungskristallisation sind günstigere Kühlstufen erreichbar, bei der Verdampfungskristallisation sind sowohl energiewirtschaftliche Vorteile bei isothermer Verdampfung als auch prozeßtechnische Vorteile, vor allem bei adiabater Verdampfung zu sehen. Nachteile einer derartigen Arbeitsweise sind der erhöhte apparative Aufwand und der steigende Investitions- und Platzbedarf.

Mehrstufige Kristallisationseinrichtungen finden in der Industrie häufig Anwendung. So werden in mehrstufigen Verdampfungskristallisatoren z. B. Ammoniumsulfat, Natriumchlorid und Eisensulfat kristallisiert. Mehrstufige Vakuumkristallisatoren (adiabate Verdampfung) werden vor allem bei der Herstellung von Kaliumchlorid aber auch bei der Rückgewinnung von Ammoniumsulfat und Natriumsulfat benutzt, um nur einige wenige Anwendungsbeispiele zu nennen. Prinzipiell können alle in Kap. 5.1., 5.2., 5.3. und 5.5. vorgestellten Kristallisationsprozesse mehrstufig betrieben werden. Der Nutzen einer solchen Prozeßführung hängt von den konkreten Bedingungen ab. Als Beispiel sei die Reihenschaltung von Kristallisatoren mit ideal durchmischter Suspension erwähnt. Die Voraussetzungen entsprechen denen im Kap. 5.1.2.

Für die erste Stufe lautet dann die Teilchenzahlbilanzgleichung:

$$r_{L1} \frac{\mathrm{d}n_1(L)}{\mathrm{d}L} = r_{N1}\psi_1 - \frac{n_1(L)}{\tau_1} \tag{5-95}$$

Mit der Anfangsbedingung

$$n_{0i} = \frac{r_{Ni}}{r_{Li}} \quad \text{bei} \quad L = L_K \tag{5-96}$$

erhält man

$$n_1(L) = \frac{r_{N1}}{r_{L1}} \exp\left(-\frac{L - L_K}{r_{L1}\tau_1}\right)$$

$$L_{H1} = 3r_{L1}\tau_1$$

Für die nachgeschalteten Stufen ist bei Formulierung der Kristallzahlbilanz zu beachten, daß mit der zulaufenden Lösung auch die Produktkristalle der vorhergehenden Stufe in den Bilanzraum eintreten. Für die Stufe i gilt demnach

$$r_{Li}\,\frac{\mathrm{d}n_i(L)}{\mathrm{d}L} = r_{Ni}\psi_i + \frac{n_{i-1}(L)}{\tau_{i-1}} - \frac{n_i(L)}{\tau_i} \tag{5-97}$$

Die Lösung wird für den Fall gesucht, daß die Kristallwachstums- und die Keimbildungsgeschwindigkeiten, die Keimgrößenverteilung, das Suspensionsvolumen und die ein- und austretenden Volumenströme in allen Stufen die gleichen Werte annehmen.

Mit der Anfangsbedingung (5–96) erhält man folgende Lösungen:

Produktverteilung der 2. Stufe:

$$n_2 = \frac{r_N}{r_L} \exp\left(-\frac{L - L_K}{r_L\tau}\right)\left[1 + \frac{L - L_K}{r_L\tau}\right]$$

$$L_{H2} = 3r_L\tau + L_{H2}\left[\frac{1}{1 + \dfrac{L_{H2}}{r_L\tau}}\right]$$

Produktverteilung der 3. Stufe:

$$n_3 = \frac{r_N}{r_L} \exp\left(-\frac{L - L_K}{r_L\tau}\right)\left[1 + \frac{L - L_K}{r_L\tau} + \left(\frac{L - L_K}{r_L\tau}\right)^2 \frac{1}{2!}\right]$$

$$L_{H3} = 3r_L\tau + L_{H3}\left[\frac{1 + \dfrac{L_{H3}}{r_L\tau}}{1 + \dfrac{L_{H3}}{r_L\tau} + \dfrac{1}{2!}\left(\dfrac{L_{H3}}{r_L\tau}\right)^2}\right]$$

Produktverteilung der j Stufe:

$$n_j = \frac{r_N}{r_L} \exp\left(-\frac{L - L_K}{r_L\tau}\right)\left[1 + \frac{L - L_K}{r_L\tau} + \cdots + \frac{1}{(j-1)!}\left(\frac{L - L_K}{r_L\tau}\right)^{j-1}\right]$$

$$L_{Hj} = 3r_L\tau + L_{Hj}\left[\frac{1 + \dfrac{L_{Hj}}{r_L\tau} + \cdots + \dfrac{1}{(j-2)!}\left(\dfrac{L_{Hj}}{r_L\tau}\right)^{j-2}}{1 + \dfrac{L_{Hj}}{r_L\tau} + \cdots + \dfrac{1}{(j-1)!}\left(\dfrac{L_{Hj}}{r_L\tau}\right)^{j-1}}\right] \tag{5-98}$$

Gleichung (5–98) macht deutlich, daß die Produktkristallverteilung des letzten Kristallisators mit steigender Stufenzahl immer breiter wird und im Extremfall bei unendlicher Stufenzahl in eine Gleichverteilung mit der Häufigkeit r_N/r_L übergeht. In der Praxis tritt dieser Effekt nicht in dieser Eindeutigkeit auf, da Keimbildungs- und Kristallwachstumsgeschwindigkeiten wegen der sinkenden Arbeitstemperatur und Übersättigung von Stufe zu Stufe kleiner werden.

Diese ungünstige Entwicklung der Korngrößenverteilung kann durch sinnvolle Einbeziehung von Feinkornabscheideprozessen korrigiert werden. Gelingt es zum Beispiel die Feinkornabscheidung so zu gestalten, daß in den Stufen, die auf die erste folgen, effektiv keine neuen Kristalle entstehen, ergeben sich unter der Voraussetzung, daß die kinetischen Koeffizienten in allen Stufen gleich groß sind und sich der Volumendurchsatz von Stufe zu Stufe nicht ändert, für die Häufigkeitsverteilungen in den einzelnen Kristallisatoren folgende Formulierungen:

Produktverteilung der 2. Stufe:

$$n_2(L) = \frac{r_N}{r_L} \frac{L - L_K}{r_L \tau} \exp\left(-\frac{L - L_K}{r_L \tau}\right)$$

$$L_{H2} = 3 r_L \tau \left(1 + \frac{L_{H2}}{3(L_{H2} - L_K)}\right) \approx 4 r_L \tau$$

Produktverteilung der 3. Stufe:

$$n_3(L) = \frac{r_N}{2!\, r_L} \left(\frac{L - L_K}{r_L \tau}\right)^2 \exp\left(-\frac{L - L_K}{r_L \tau}\right)$$

$$L_{H3} = 3 r_L \tau \left(1 + \frac{2 L_{H3}}{3(L_{H3} - L_K)}\right) \approx 5 r_L \tau$$

Produktverteilung der j Stufe:

$$n_j(L) = \frac{r_N}{r_L (j-1)!} \left(\frac{L - L_K}{r_L \tau}\right)^{j-1} \exp\left(-\frac{L - L_K}{r_L \tau}\right)$$

$$L_{Hj} = 3 r_L \tau \left(1 + \frac{(j-1)\, L_{Hj}}{3(L_{Hj} - L_K)}\right) \approx (j+2)\, r_L \tau \tag{5–99}$$

Diese Verteilung entspricht dem bekannten Ansatz für die Verweilzeitverteilung homogener Phasen in Behältern mit ideal durchmischtem Inhalt [31]. Mit wachsender Stufenzahl j wird sie schmaler.

Auch diese Variante einer Reihenschaltung von Kristallisatoren mit ideal durchmischter Suspension stellt ein vereinfachtes Beispiel dar. Trotz der Einschränkungen sind die grundlegenden Tendenzen auch für reale Kristallisatoren gültig.

5.7. Diskontinuierliche Kristallisation in ideal durchmischter Suspension

5.7.1. Kristallisation bei schneller Übersättigungserzeugung

Das Kristallisatorvolumen wird unter Beachtung der pro Zeiteinheit zu verarbeitenden Lösungsmenge und der Kristallisationszeit bestimmt. Hat die Größe der Produktkristalle keine Bedeutung, kann die schnelle Erreichung des Endzustandes der Lösung angestrebt werden. Dabei kommt es fast immer zu einer starken Übersättigung der Lösung, die eine intensive primäre Keimbildung und damit ein feinkörniges Produkt zur Folge hat. In diesen Fällen hängt die Dauer des Kristallisationsprozesses lediglich von der Zeit ab, die nötig ist, um durch Beeinflussung von außen den Endzustand der Lösung zu erreichen. Bei der Kühlungskristallisation entspräche das etwa der Zeit, die notwendig ist, um der Suspension soviel Wärme zu entziehen, daß die gewünschte Endtemperatur erreicht wird.

Die Energiebilanz lautet für einen diskontinuierlichen Kristallisator in allgemeiner Form:

$$\frac{\mathrm{d}}{\mathrm{d}t}\left[(m_L c_{PL} + m_K c_{PK} + m_B c_{PB})\, T\right] \pm \frac{\mathrm{d}}{\mathrm{d}t}(m_K \Delta h_K) + \frac{\mathrm{d}}{\mathrm{d}t}(m_{LMV} \Delta h_V) = \pm KA(T_S - T_{KM}) \tag{5-100}$$

m_L, m_K und m_{LM} sind prozeß- und damit zeitabhängig. Da die Übersättigung meist klein ist im Verhältnis zur Gesamtkonzentration und zur Konzentrationsänderung, die die Lösung erfährt, wird zur Abschätzung der Kristallmasse in der Suspension m_K näherungsweise angenommen, daß sich zu allen Zeiten das Lösungsgleichgewicht einstellt.

$$m_K = \frac{M_K}{M_F}\left[m_{La} x_a - m_L x_S(T)\right]$$

Für den zweiten Summanden auf der linken Seite der Gl. (5–100) gilt das positive Vorzeichen für endotherme und das negative für exotherme Kristallisationswärmen. Vor der rechten Seite der Gleichung gilt das positive Vorzeichen für Verdampfung bzw. Heizung und das negative für Kühlung. Die Massenbilanz ermöglicht es schließlich einen Zusammenhang zwischen Kristall- und Lösungsmasse herzustellen:

$$m_L = m_{La} - m_F - m_{LMV} - m_{LMH}$$

mit

$$m_F + m_{LMH} = m_K$$

Für die Kühlungskristallisation ergibt sich unter Beachtung folgender Voraussetzungen die Lösung der Gl. (5–100):

- Die Stoffdaten sind Mittelwerte und nicht temperaturabhängig.
- Es wird kein Lösungsmittel verdampft.

- Die Suspension ist ideal durchmischt.
- Die Löslichkeitskonzentration hängt im Arbeitsbereich linear von der Temperatur ab.

$$x_S = a_1 + a_2 T$$

- Der Wärmedurchgangskoeffizient k ist konstant.
- Der Temperaturunterschied zwischen m_B und m_L wird vernachlässigt.

$$\tau = \frac{m_{La}}{KA} \frac{(a_1 + a_2 T_{KM})\, a_5 \pm \Delta h_K a_2}{a_4^2} \ln\left[\frac{T_a - T_{KM}}{T_e - T_{KM}} \frac{a_3 + a_2 T_e}{a_3 + a_2 T_a}\right]$$
$$- \left[\frac{a_3 a_5 \pm \Delta h_K a_2}{a_4} \left(\frac{1}{a_3 + a_2 T_e} - \frac{1}{a_3 + a_2 T_a}\right)\right]$$
$$+ \left[c_{PL} + \frac{m_B}{m_{La}} c_{PB} + \frac{T_{KM} a_2 a_5}{a_4}\right] \ln \frac{T_a - T_{KM}}{T_e - T_{KM}} + \frac{a_3 a_5}{a_4} \ln \frac{a_3 + a_2 T_a}{a_3 + a_2 T_e} \quad (5\text{–}101)$$

$$a_3 = 1 + a_1 \qquad a_4 = a_3 + a_2 T_{KM} \qquad a_5 = c_{PK} - c_{PL}$$

Für eine diskontinuierliche Verdampfungskristallisation ergibt sich die Kristallisationszeit unter Beachtung folgender Voraussetzungen:

- Die Stoffdaten sind Mittelwerte und nicht temperaturabhängig.
- Druck, Temperatur und Wärmedurchgangskoeffizient ändern sich nicht mit der Zeit.
- Die Suspension ist ideal durchmischt.
- Die Wärmeübertragungsfläche ist konstant. (A könnte sich ändern, wenn im Verlaufe des Prozesses die Heizfläche nicht mehr vollständig benetzt wird.)
- Der Temperaturunterschied zwischen m_B und m_L wird vernachlässigt.

$$\tau = \frac{m_K}{KA(T_{HM} - T_S)} \left[T_S(c_{PK} - c_{PL}) + \frac{1 + x}{x} (c_{PL} T_S - \Delta h_V) \pm \Delta h_K\right] \quad (5\text{–}102)$$

Für eine diskontinuierliche Vakuumkristallisation ergibt sich die Kristallisationszeit auf einem ähnlichen Wege. Zusätzlich muß noch eine Beziehung eingeführt werden, die die Abhängigkeit der Kristallisationstemperatur vom Druck über der Lösung und der Konzentration angibt. Die Lösung erfolgt numerisch.

Ist bekannt, wieviel Ausgangslösung pro Zeiteinheit verarbeitet werden soll, so berechnet sich das notwendige Kristallisatorvolumen zu

$$V = \dot{V}_L \tau$$

Übersteigt V ein sinnvolles Maß, dann sind mehrere Kristallisatoren auszuführen.

5.7.2. *Kristallisation bei gesteuerter Übersättigungserzeugung*

Ein grobkörniges Produkt kann erhalten werden, wenn der Prozeß so geführt wird, daß die Konzentration des Gelösten immer im metastabilen Bereich verbleibt. Auf diese Weise wird eine primäre Keimbildung weitgehend ver-

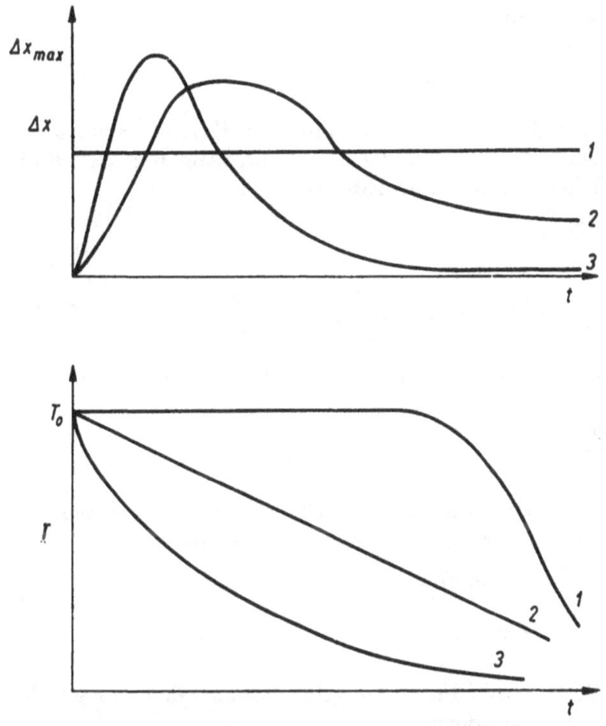

Abb. 5-9. Übersättigungsänderung mit der Kristallisationszeit
1 – kristallisationsgerechte Abkühlung; *2* – lineare Abkühlung; *3* – natürliche Abkühlung

mieden. In Abb. 5-9 sind mögliche Übersättigungsänderungskurven aufgetragen. Dieses Ziel kann erreicht werden:

1. Es wird versucht, durch eine geeignete Regeleinrichtung die Abkühlungsgeschwindigkeit der Lösung oder die Verdampfungsgeschwindigkeit des Lösungsmittels so zu regulieren, daß der Übersättigungsabbau durch Kristallisation kompensiert wird. Diese Verfahrensweise ist verhältnismäßig einfach, wenn eine geeignete Methode zur kontinuierlichen Konzentrationsmessung zur Verfügung steht. Die z. Z. bekannten Methoden sind jedoch für diese Zwecke ungeeignet, da sie nicht genau genug sind.

2. Gelingt es, die für den jeweiligen diskontinuierlichen Kristallisator gültigen Keimbildungs- und Kristallwachstumsgeschwindigkeiten vorauszubestimmen, kann unter Benutzung des nachfolgenden Gleichungssystems berechnet werden, wie die Geschwindigkeit der Übersättigungserzeugung mit fortschreitender Kristallisationszeit zu verändern ist, damit z. B. $\Delta x = \text{const}$ bleibt. Diese Funktionen wären dann mit Hilfe einer geeigneten Zeitplansteuerung (Kurvenscheibe, Lochstreifenleser, Mikroprozessor o. ä.) und eines Stellorgans zu realisieren.

5.7.2.1. *Vollständiges Berechnungsverfahren*

Die Änderung der Triebkraft Δx mit der fortschreitenden Kristallisationszeit t ist durch das folgende Gleichungssystem beschreibbar. Aus der Gleichung $m_{KL} = m_L x$ folgt durch Differentiation und Einsetzen von

$$m_L = m_{LM} + m_{KL}$$

$$\Delta x = x - x_S$$

$$\frac{\mathrm{d}(\Delta x)}{\mathrm{d}t} = \frac{x}{m_{KL}} \left[\frac{\mathrm{d}m_{KL}}{\mathrm{d}t} (1 - x) - x \frac{\mathrm{d}m_{LM}}{\mathrm{d}t} \right] - \frac{\mathrm{d}x_S}{\mathrm{d}t} \tag{5–103}$$

Für die Kühlungs- und Vakuumkristallisation wird folgender Ausdruck eingeführt:

$$\frac{\mathrm{d}x_S}{\mathrm{d}t} = \frac{\mathrm{d}x_S}{\mathrm{d}T} \cdot \frac{\mathrm{d}T}{\mathrm{d}t}$$

Aus den Massen- und Komponentenbilanzen läßt sich ein Zusammenhang zwischen der Kristallmasse und der Lösungskonzentration ableiten.

$$m_K = \frac{m_{La}(x_a - x_e) + m_{LMV} x_e}{\dfrac{M_F}{M_K} - x_e} \tag{5–104}$$

Der Zuwachs an Kristallisat wird durch die kinetischen Gleichungen des Wachstums und der Keimbildung angegeben.

$$\frac{\mathrm{d}m_{KL}}{\mathrm{d}t} = -\overline{m}_{NK1} V_{SB} K_N \Delta x^n - O_K K_W \Delta x^m \tag{5–105}$$

Zur Berechnung des Suspensionsvolumens V_{SB} als Summe des Lösungs- und Kristallvolumens wird für ersteres eine Beziehung aus der Lösungsbilanz entwickelt.

$$V_L = \frac{1}{\varrho_L} (m_{La} - m_K - m_{LMV} - m_{LMH}) \tag{5–106}$$

Die Oberfläche aller Kristalle in der Suspension ist:

$$O_K = V_{SB} \alpha \int_{L_K}^{\infty} L^2 n(L) \, \mathrm{d}L \tag{5–107}$$

Aus der Kristallzahlbilanz folgt:

$$\frac{\partial n(L,t)}{\partial t} + \frac{\partial[r_L n(L,t)]}{\partial L} = r_N \psi \qquad (5\text{–}108)$$

Schließlich bringt noch die Energiebilanz eine Verknüpfung zwischen Prozeßparametern und dem von außen beeinflußbaren Wärmestrom.

$$-\frac{\mathrm{d}[m_{LMV}\Delta h_V]}{\mathrm{d}t} + \frac{\mathrm{d}}{\mathrm{d}t}[m_K \Delta h_K] + KA\Delta T_m = 0 \qquad (5\text{–}109)$$

Δh_K hat positives Vorzeichen für exotherme und negatives für endotherme Kristallisationswärmen.

Die Lösungen sind für alle angegebenen Fälle nur auf numerischem Wege zu erlangen. Die Einführung einer Reihe von Vereinfachungen ermöglicht jedoch auch interessante analytische Lösungen.

5.7.2.2. Vereinfachte Berechnungsverfahren

Verdampfungskristallisation

Ein leicht anwendbares Berechnungsverfahren kann unter folgenden vereinfachenden Voraussetzungen abgeleitet werden [20]:

1. Es tritt keine Keimbildung während des Prozesses auf. Keime werden als Impfkristalle der Lösung am Anfang zugegeben.
2. Die Kristallwachstumsgeschwindigkeit r_L ist nicht von der Korngröße abhängig.
3. Die Kristallgrößenverteilung kann näherungsweise durch folgende Exponentialverteilung beschrieben werden:

$$n(L,t) = \frac{1}{V_{SB}\bar{L}} \exp\left(-\frac{L}{\bar{L}}\right)$$

Dann gelten die folgenden Gleichungen:

$$O_K = V_{SB}\beta \int L^2 n(L,t)\,\mathrm{d}L = \beta \bar{L}^2 N = 2\beta \bar{L}^2 N$$

$$m_K = V_{SB}\alpha\varrho_K \int L^3 n(L,t)\,\mathrm{d}L = \alpha\varrho_K \bar{L}^3 N = 6\alpha\varrho_K \bar{L}^3 N$$

$$\bar{L} = \frac{V_{SB}}{N}\int L n(L,t)\,\mathrm{d}L$$

Mit der gewonnenen Beziehung für m_K und der um den Ausdruck für die Keimmasse verkürzten Gl. (5–105) folgt

$$\bar{L} = L_I + \frac{1}{3} r_L \tau$$

4. Die Übersättigung bleibt während des Kristallisationsprozesses konstant.

Aus Gl. (5–103) folgt mit (5–105) unter Vernachlässigung der Masse der neugebildeten Kristallkeime

$$\frac{x}{1-x}\,\frac{\mathrm{d}m_{LM}}{\mathrm{d}t} = -6\alpha\varrho_K\bar{L}^2 r_L N$$

Die Anfangsbedingung

$$m_{LM} = m_{LMa} \quad \text{bei} \quad t = 0$$

ergibt folgende Lösung:

$$Y_a - Y = 2\,(z^3 + 3z^2 + 3z)$$

$$Y = \frac{\dfrac{x}{1-x}\,m_{LM}}{\alpha\varrho_K N\bar{L}_I^3} \qquad z = \frac{r_L\tau}{\bar{L}_I} \tag{5–110}$$

Die zeitliche Abhängigkeit der Verdampfungsgeschwindigkeit, die realisiert werden muß, um eine konstante Übersättigung und Wachstumsgeschwindigkeit zu erzeugen, wird damit

$$-\frac{\mathrm{d}Y}{\mathrm{d}z} = 3(2z^2 + 4z + 1)$$

Kühlungskristallisation

Für die Kühlungskristallisation läßt sich ebenfalls eine Näherungsbeziehung zur Berechnung der Kühlungskurve aus dem vollständigen Gleichungssystem ableiten. Folgendes wird dabei vorausgesetzt:

1. Es tritt während des Prozesses keine nennenswerte Keimbildung auf. Der übersättigten Lösung werden zu Beginn des Prozesses Impfkristalle zugegeben.
2. Die Übersättigung bleibt näherungsweise konstant.
3. Es wird mit einer mittleren Kristallwachstumsgeschwindigkeit gerechnet, die nicht von der Kristallgröße und der Temperatur abhängt.
4. Die Löslichkeitsfunktion wird im interessierenden Temperaturintervall linearisiert.

   $$x_S = a_1 + a_2 T$$

5. Die Kristallgrößenverteilung kann während des gesamten Prozesses durch eine Exponentialverteilung angenähert werden. Es gelten damit

   $$O_K = 2\beta N\bar{L}^2$$
   $$m_K = 6\alpha\varrho_K N\bar{L}^3$$

6. Das Salz bildet kein Hydrat.

Unter Beachtung der Voraussetzungen 2 und 4 folgt aus Gl. (5–103)

$$a_2 \frac{\mathrm{d}T}{\mathrm{d}t} = \frac{x(1-x)}{m_{KL}} \frac{\mathrm{d}m_{KL}}{\mathrm{d}t} \tag{5–111}$$

Aus Gl. (5–105) entsteht unter Berücksichtigung der Voraussetzungen 1 und 5

$$\frac{\mathrm{d}m_{KL}}{\mathrm{d}t} = -6\alpha\varrho_K N\bar{L}^2 r_L$$

Wird weiter in Betracht gezogen, daß ein linearer Zusammenhang zwischen Sättigungskonzentration und Temperatur bestehen soll, so gilt:

$$x = x_S + \Delta x = a_1 + a_2 T + \Delta x.$$

Die in Lösung verbleibende Feststoffmasse hängt auf folgende Weise von der Konzentration ab

$$m_{KL} = m_{La} x \frac{1 - x_a}{1 - x}$$

Mit der Anfangsbedingung

$$t = 0; \qquad T = T_a \quad \text{und} \quad \bar{L} = \bar{L}_J$$

und der angeführten Beziehungen lautet die Lösung der Differentialgleichung (5–111)

$$\frac{m_{La}(1 - x_a)}{\alpha\varrho_K N\bar{L}^3} (Y_a - Y) = 2\,(Z^3 + 3Z^2 + 3Z)$$
$$Y = \frac{1}{1 - a_1 - a_2 T - \Delta x} \qquad z = \frac{r_L \tau}{\bar{L}_J} \tag{5–112}$$

Die mittlere Kristallwachstumsgeschwindigkeit ist dabei auf folgende Weise zu bilden:

$$r_L = \frac{1}{T_a - T_e} \int r_L(T)\,\mathrm{d}T$$

Vakuumkristallisation (adiabate Verdampfung)

Wird die Übersättigung der Lösung durch adiabate Verdampfung erzeugt, dann kann eine Näherungsfunktion zur Berechnung der Änderung des Druckes im Kristallisator mit der Kristallisationszeit auf folgende Weise gefunden werden. Es sind acht Festlegungen nötig:

1. Die Voraussetzungen 1. bis 6. sind die gleichen wie bei der Kühlungskristallisation.
7. Die Verdampfungsenthalpie des Lösungsmittels ist wesentlich größer als die Kristallisationsenthalpie und die spezifische Enthalpie der Lösung und der Kristalle.

8. Es muß folgende Bedingung erfüllt sein:

$$\left| 3 \frac{c_{PK} - c_{PL}}{r_D \cdot a_2} x \right| < 0{,}3$$

Die Gl. (5–103) ist wegen der Voraussetzung 2 umzuformulieren in

$$\frac{dx_S}{dt} = \frac{x}{m_{KL}} \left(\frac{dm_{KL}}{dt} (1 - x) - x \frac{dm_{LM}}{dt} \right) \tag{5–113}$$

Die Enthalpiebilanz

$$m_L c_{PL} T = m_{La} c_{PL} T_a + m_K (r_K - c_{PK} T) + m_{LMD} r_D$$

und die Mengenbilanz für den Kristallisator

$$m_L = m_{La} - m_K - m_{LMD}$$

werden in die Gl. (5–113) eingefügt.

Unter Beachtung der Voraussetzungen 7. und 8. ergibt sich folgende Lösung:

$$\frac{m_{La}}{a_2 \alpha \varrho_K N L_J{}^3} - \frac{(1 + 3a_3 x)}{(1 - x)^{3(1-a_3)}} \left\{ \frac{(1 - x)^{3(1-a_3)} - (1 - x_a)^{3(1-a_3)}}{3(1 - a_3)} a_4 \right.$$
$$\left. - \frac{(1 - x)^{4-3a_3} - (1 - x_a)^{4-3a_3}}{4 - 3a_3} a_5 + \frac{(1 - x)^{5-3a_3} - (1 - x_a)^{5-3a_3}}{5 - 3a_3} a_6 \right\}$$
$$= 2\,(z^3 + 3z^2 + 3z) \tag{5–114}$$

$$z = \frac{r_L \tau}{\bar{L}_J}; \qquad x = a_1 + a_2 T + \Delta x$$

$$a_3 = \frac{c_{PK} - c_{PL}}{a_2 r_D}$$

$$a_4 = a_2 + \frac{c_{PK} - 2c_{PL}}{r_D} + \frac{c_{PL}}{r_D} a_3$$

$$a_5 = \frac{c_{PK} - 2c_{PL}}{r_D} + 2a_6$$

$$a_6 = \frac{c_{PL}}{r_D} a_3$$

Der Dampfdruck im Kristallisator wird schließlich nach der Dampfdruckfunktion der Lösung mit Hilfe des berechneten Zeit-Temperatur-Verlaufes festgelegt.

Literatur

[1] NYVLT, J.: "*Industrial Crystallization – The Present State of the Art*", Verlag Chemie, Weinheim/Bergstraße 1978
[2] BAMFORTH, A. W.: "*Industrial Crystallization*", Leonhard Hill, London 1965
[3] LARSON, M. A.: "Crystallizer Design" in: "Industrial Crystallization 78" (Hrsg.: DE JONG, E. J.; JANCIC, S. J.), S. 309–324, North-Holland Publishing Company, Amsterdam 1979
[4] BENNEMA, P., in: "Industrial Crystallization 75" (Hrsg.: MULLIN, J. W.), S. 91 to 111, Plenum Press, New York–London 1976
[5] JANSE, A. H.; DE JONG, E. J.: siehe [3], S. 135–142
[6] ALBON, M.; DUNNING, J. W.: Proc. Int. Soc. Sugar Cane Techn., 10th Conf., S. 310–315, Elsevier, New York 1959
[7] NATALINA, L. N.; TREIVUS, E. B.: Sov. Phys. Crystallogr. **19** (1974) *3*, 389–391
[8] GARSIDE, J.: siehe [3], S. 143–151
[9] GARSIDE, J.; RUSLI, I. T.; LARSON, M. A.: AIChE J. **25** (1979) *1*, 57–64
[10] ROUSSEAU, R. W.; CRAIG, S.; MC CABE, W. L.: siehe [3], S. 19–25
[11] DE JONG, E. J.: siehe [3], S. 3–17
[12] BUJAC, P. D. B.: siehe [4], S. 23–31
[13] NOVOTETNOVA, N. YA.; YURCHENKO, R. A.; KOLGANOVA, D. N.; AGEEV, L. M.: Shur. Prikl. Chim. **44** (1971) *9*, 2066–2070
[14] BAUMANN, K.-H.: siehe [3], S. 325–333
[15] RANDOLPH, A. D.; LARSON, M. A.: AIChE J. 8 (1962) *6*, 639–645
[16] RANDOLPH, A. D.; LARSON, M. A.: "*Theory of Particulate Processes*", Academic Press, New York 1971
[17] NYVLT, J.; MULLIN, J. W.: Kristall und Technik **9** (1974), 141–152
[18] RAMSHAW, C.; PARKER, J. B.: Trans. Inst. Chem. Engrs. (London) **51** (1973), 82–87
[19] JUZASZEK, P.; LARSON, M. A.: AIChE J. **23** (1977), 460–468
[20] LARSON, M. A.; GARSIDE, J.: The Chem. Engr. (1973) *274*, 318–327
[21] MULLIN, J. W.: "*Crystallization*", Butterworths, London 1972
[22] TOYOKURA, K.; MATSUDA, F.; UIKE, Y.; SONODA, H.; WAKABAYASHI, Y.: siehe [4], S. 303–310
[23] MULLIN, J. W.; NYVLT, J.: Trans. Inst. Chem. Engrs. (London) **48** (1970), T 7 to T 21
[24] NYVLT, J.: Collect. Czech. Chem. Commun. **36** (1971), 3702–3714
[25] TODES, O. M.; SEBALLO, W. A.; KAGANOWITSH, YU. YA.; GOLZIKER, A. D.; NALIMOW, S. P.; ROSANOW, O. M.: Chim. Prom. **46** (1970) *8*, 612–615
[26] DAMBRINO, F.; GIORG, J. C.; WINDAL, G.: Zeitschrift für die Zuckerindustrie **19** (1969) *2*, 71–74
[27] GARSIDE, J.; AL-DIBOUNI, M.: Ind. Eng. Chem., Process Des. Dev. **16** (1977) *2*, 206–214
[28] NAUE, G.; LIEPE, F.; MASCHEK, H.-J.; SCHENK, R.; REHER, E.-O.: „*Technische Strömungstechnik*", VEB Deutscher Verlag für Grundstoffindustrie, Leipzig 1975
[29] NYVLT, J.; MOUDRY, F.; VEVERKA, V.: Collect. Czech. Chem. Commun. **38** (1973), 1815–1827
[30] LARSON, M. A.; WOLFF, P. R.: Chem. Eng. Progr., Symp. Ser. **6** (1971), 97–109
[31] KAFAROW, W. W.: „*Grundlagen der Stoffübertragung*", Akademie-Verlag, Berlin 1977

6. Bestimmung der Modellparameter

In den vorangegangenen Kapiteln wurden einige mathematische Modelle der Massenkristallisationstechnik dargestellt. Diese Modelle können nur dann für die Behandlung konkreter Aufgaben herangezogen werden, wenn die Modellparameter bekannt sind. Darunter sind in diesem Falle die physikalischen Stoffeigenschaften von Lösung und Feststoff, das Lösungsgleichgewicht, die Formfaktoren der Kristalle, die Kristallwachstumsgeschwindigkeit, die Keimbildungsgeschwindigkeit und deren Abhängigkeit von den Stoffeigenschaften und Betriebsbedingungen zu verstehen.

Stoffeigenschaften und Lösungsgleichgewichte sind teilweise in Tabellenwerken zu finden, erstere aber seltener für hochkonzentrierte oder gar übersättigte Lösungen. Ist dies der Fall, müssen die gesuchten Größen experimentell bestimmt werden. Hierfür sind zum Beispiel in der Monographie von Mullin [1] geeignete Methoden beschrieben. In bestimmten Fällen sind die Berechnungen zur Kristallisation überschläglich auszuführen. Dann genügt es auch, die physikalischen Stoffeigenschaften mit Hilfe von Näherungsverfahren zu berechnen. Einige Lösungsgleichgewichte sind von Nývlt [2, 3] für wäßrige Lösungen reiner Salze zusammengestellt worden. Die Parameter Wachstums- und Keimbildungsgeschwindigkeit müssen mit Hilfe des ausgewählten Berechnungsmodells aus experimentellen Ergebnissen abgeleitet werden.

6.1. Kristallwachstums- und Keimbildungsgeschwindigkeit

Methoden zur Bestimmung von Kristallwachstums- und Keimbildungsgeschwindigkeiten sind in unterschiedlichen Formen für die Lösung spezieller Aufgaben entwickelt worden.

Für Belange der Massenkristallisationstechnik sind folgende Forderungen an ein Parameterbestimmungsverfahren zu stellen:

1. Die Versuchseinrichtung und die Auswertemethodik soll möglichst einfach sein und schnell genaue Ergebnisse liefern. Das kann u. a. bedeuten, daß das Volumen des Versuchskristallisators möglichst klein sein soll und das Auswerteverfahren ohne weitere Ausgleichsrechnung erfolgen kann.
2. Die experimentell bestimmten Modellparameter müssen auf industrielle Maßstäbe anwendbar sein.

Bei der Massenkristallisationstechnik sind die Kristallisationsbedingungen durch die Zusammensetzung der Lösung — Spuren von löslichen Fremdsubstanzen sind zu berücksichtigen — die Übersättigung des auszukristallisierenden Stoffes, die Temperatur, das Strömungsregime, die mittlere Verweilzeit und den Kristallisatorgrundtyp bestimmt.

6.1.1. Übertragbarkeit der Modellparameter

Damit die Modellparameter auf andere Maßstäbe übertragen werden können, sind folgende Bedingungen grundsätzlich zu erfüllen:

1. Die Versuche sind mit den Originallösungen durchzuführen, die in den zu untersuchenden industriellen Prozessen eingesetzt werden. Das ist nötig, um die Wirkung von Spurenverunreinigungen richtig erfassen zu können. Parameter, die mit synthetischen Lösungen bestimmt werden, können, obwohl die Anteile der Hauptbestandteile in beiden Lösungen gleich sind, sehr stark von der ersteren abweichen.
2. Die Strömungsverhältnisse im Modellversuch müssen denen in der Großausführung entsprechen. Kristallwachstums- und Keimbildungsgeschwindigkeiten in gerührten Suspensionen unterscheiden sich von den entsprechenden Werten in Wirbelschichten. Die Strömungsverhältnisse werden wesentlich durch die Kristallisatorbauform, die Bewegungsrichtung und -geschwindigkeit der Lösung, der Kristalle und eventuell vorhandener Dampf- oder Gasblasen bestimmt. Auch durch die relativen Volumenanteile der einzelnen Phasen am Gesamtvolumen und die Größe der suspendierten Kristalle und der dispergierten Dampfblasen wird das Strömungsbild beeinflußt.
   Zur Charakterisierung der Strömungsverhältnisse sei auf Kap. 6.2. verwiesen.
3. Selbstverständlich müssen im Modellversuch die gleichen Temperaturen und Übersättigungen realisiert werden wie in der Großausführung. Das gilt auch für die mittlere Verweilzeit der Lösung der Kristalle.

Die in diesen drei Punkten dargestellten Bedingungen lassen sich auch in einer allgemeineren und grundsätzlicheren Form als Ähnlichkeitstheorie [4] formulieren. Danach sind Prozesse dann ähnlich, wenn die für sie maßgebenden räumlichen Feldverteilungen der Haupteinflußgrößen ähnlich sind. Im Falle der Kristallisation heißt das, daß die Geschwindigkeits-, Temperatur- und Konzentrationsfelder in den beteiligten Phasen, die Stoffeigenschaften und der Grad der Dispergierung ähnlich sein müssen.

Mit Hilfe dieses Prinzips lassen sich Ähnlichkeitskriterien schaffen. Dabei wird von den in Form partieller Differentialgleichungen geschriebenen Bilanzgleichungen und den dazugehörigen Rand- und Anfangsbedingungen ausgegangen, die das Verhalten der oben genannten Felder beschreiben. Es ist möglich, das Differentialgleichungssystem unter vereinfachenden Bedingungen zu lösen und diese Lösung als Ähnlichkeitskriterium zu benutzen. Der Wert einer solchen Vorgehensweise besteht in dem Wissen um die Vereinfachungen, die dem Kriterium zugrunde liegen. Damit sind die Grenzen seiner Anwendbarkeit leichter zu erkennen. Eine weitere Möglichkeit bietet die Ableitung dimensionsloser Kennzahlen aus den partiellen Differentialgleichungen durch Einführung dimensionsloser Größen. Es kann gezeigt werden, daß immer dann Ähnlichkeit besteht, wenn der vollständige Satz dieser Ähnlichkeitskennzahlen, die aus den Bilanzgleichungen und den Randbedingungen, die das spezielle Problem umfassend beschreiben, abgeleitet wurden, für die zu vergleichenden Ausführungen gleich groß sind.

Die Forderungen der Ähnlichkeitstheorie sind verhältnismäßig streng. In der Praxis lassen sie sich oftmals nicht umfassend erfüllen, weil sich zum Beispiel Ähnlichkeit des Prozesses und geometrische Ähnlichkeit gegenseitig ausschließen. In derartigen Fällen hat gewöhnlich die Ähnlichkeit des Prozeßverlaufes den Vorzug.

6.1.2. Verfahren zur experimentellen Parameterbestimmung

Die für die Massenkristallisationstechnik geeigneten Verfahren lassen sich in drei Hauptgruppen einteilen: kontinuierliche, halbkontinuierliche und diskontinuierliche Verfahren. Dabei werden Verfahren zur Bestimmung von Kristallwachstumsgeschwindigkeiten an Einzelkristallen und spezielle Einrichtungen zur Untersuchung der homogenen Keimbildung ausgeschlossen, da die auf diese Weise bestimmten Kristallisationsgeschwindigkeiten nicht als Parameter für die hier behandelten mathematischen Modelle gelten können. Diese Ausschließung ist nötig, weil das Kristallwachstum in Massenkristallisationsprozessen von Vorgängen begleitet ist, die an Einzelkristallen nicht bemerkt werden. Zu nennen wären vor allem der Feststoffabrieb bei größeren Suspensionsdichten, die Kristallzerstörung beim Zusammenstoß Kristall—Rührer und die oftmals stärker oder schwächer auftretende Kristallagglomeration. Auch isolierte Keimbildungsmessungen sind ohne Wert, wenn sie nicht in Gegenwart größerer, sogenannter Mutterkristalle, vorgenommen werden, da in industriellen Kristallisatoren vor allem die durch sie verursachte Sekundärkeimbildung bedeutsam ist.

Bei den nachfolgend aufgeführten Methoden werden die Parameter als Mittelwerte über die im Kristallisator befindlichen Kristalle aus der Kristallgrößenverteilung bestimmt.

Kontinuierliche Verfahren [12, 13]

Messungen zur Kristallwachstums- und Kristallkeimbildungsgeschwindigkeit werden zum Beispiel in solchen Anlagen durchgeführt, wie sie in Abb. 6–1 für die Kühlungskristallisation in einem Kristallisator mit ideal durchmischter Suspension schematisch dargestellt ist. Der Kristallisator *1* ist mit einem Temperiermantel versehen, über den die Kristallisationstemperatur genau eingestellt wird. Der Füllstand wird geregelt. Stellgröße kann zum Beispiel die Einschaltdauer der Pumpe *P 1* sein. Die aus dem Kristallisator *1* abgepumpte

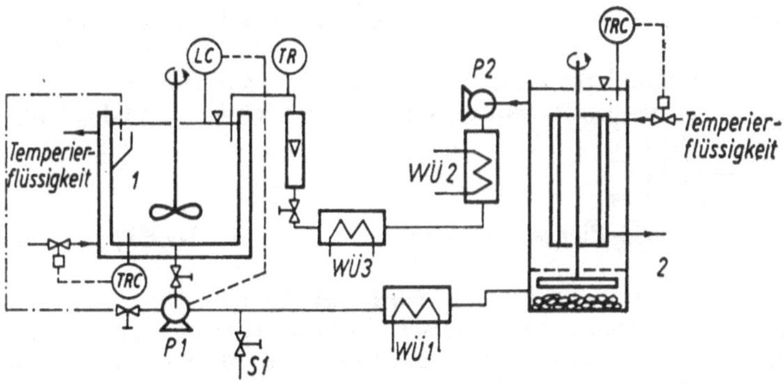

Abb. 6-1. Laborkristallisator zur Parameterbestimmung

Suspension wird entweder über den Stutzen *S1* dem Kreislauf entnommen und als Produktprobe weiter verarbeitet oder über den Wärmeübertrager *W1* in den Lösebehälter *2* befördert. In *W1* wird die Temperatur der Suspension auf die Gleichgewichtstemperatur der in den Kristallisator *1* eintretenden Lösung gebracht. Im Lösebehälter *2* kommt die Lösung mit Salz in Kontakt und kann bis in die Nähe der Gleichgewichtskonzentration aufkonzentriert werden. Im Absetzraum des Lösebehälters wird der Feststoff bis auf die sehr feinen Bestandteile abgetrennt. Im Wärmeübertrager *W2* folgt eine erneute Erwärmung der Lösung um ca. 10 K, um die noch verbleibenden feinsten Kristalle aufzulösen. In *W3* wird sie auf die Temperatur eingestellt, mit der sie in den Kristallisator *1* eintritt. Die Förderung der Lösung vom Lösebehälter zum Kristallisator erfolgt durch die Pumpe *P2*. Bei laufendem Betrieb der Anlage werden die Temperaturen an den angezeigten Stellen, die Konzentration der Lösung am Eintritt, Feststoffmenge und Korngrößenverteilung im Kristallisat und der Lösungsdurchsatz gemessen. Bleibt die Feststoffmenge im Produktstrom über einen Zeitraum von mehreren mittleren Verweilzeiten etwa konstant, kann angenommen werden, daß der Kristallisator stationär arbeitet. Man entleert dann den Kristallisator, trennt den Feststoff durch Filtration von der Lösung, wäscht das Filtrat mit einem geeigneten Lösungsmittel, trocknet und unterzieht es einer Korngrößenanalyse. Das Ergebnis ist die Kristallhäufigkeitsverteilung des produzierenden Kristallbettes. Zur Prüfung, ob bei dem durchgeführten Versuch die Bedingungen für den MSMPR-Kristallisator eingehalten wurden (s. Kap. 5.1.), erfolgt ein Vergleich der Häufigkeitsverteilung des Kristallbettes mit der des gegen Versuchsende abgezogenen Kristallisates. Stimmen die Verteilungen etwa überein, kann die Auswertung nach der MSMPR-Theorie erfolgen. Treten sehr starke Abweichungen auf, so ist entweder der Suspendiergrad nicht ausreichend, oder bei der Suspensionsentnahme treten Klassiereffekte auf. In beiden Fällen kann dann die Auswertung nicht nach der hier angegebenen Theorie vorgenommen werden [5, 6].

Wird die vereinfachte Lösung zugrunde gelegt, so ist folgendermaßen vorzugehen:
Zuerst wird die Massenhäufigkeitsverteilung in eine Anzahlhäufigkeitsverteilung umgerechnet. Das geschieht siebfraktionsweise nach folgender Gleichung:

$$n_i = \frac{m_i}{m_{1i} \Delta L_i V_{SB}}$$

Die so gefundene Verteilungsdichte $n(L)$ muß im wesentlichen der Exponentialfunktion (5–19) folgen.

Die experimentell ermittelte Verteilung wird nun in einem Diagramm aufgetragen, in dem die Ordinate logarithmisch und die Abszisse linear geteilt sind. Die Meßpunkte lassen sich durch eine Gerade ausgleichen, die durch folgende, von Gl. (5–19) abgeleitete Form gegeben ist:

$$\ln n(L) = \ln \frac{r_N}{r_L} - \frac{L}{r_L \tau}$$

Aus dem Anstieg der Geraden wird die Kristallwachstumsgeschwindigkeit und aus dem Ordinatenabschnitt die Keimbildungsgeschwindigkeit berechnet.

Zur Verbesserung der Genauigkeit der Ergebnisse kann noch die gemessene und die nach Gl. (5–21) berechnete Kristallproduktmenge verglichen werden. Bei nicht zu großen Differenzen wird eine Übereinstimmung durch geringfügige Veränderung der Lage der Ausgleichsgeraden erreicht.

Sind genügend Messungen bei unterschiedlichen Übersättigungen und Feststoffgehalten aber unter sonst gleichen Bedingungen ausgeführt worden, können auch die Exponenten der Geschwindigkeitsgleichungen und die Geschwindigkeitskonstanten K_L und K_N bestimmt werden.

Beispiel:

In einem Versuchskristallisator (Suspensionsvolumen 5 l) wurde Kaliumsulfat in ideal durchmischter Suspension ohne Feinkornabscheidung und Produktklassierung kristallisiert. Die mittlere Verweilzeit der Suspension betrug 15 min. Die Übersättigung wurde durch Abkühlen der Lösung erzeugt. Sie lag bei 0,01 Massenanteilen. Während des gesamten Versuchs wurde in Abständen von 30 min der Produktkristallstrom gemessen. Die Ergebnisse sind in Abb. 6–3 aufgetragen. Nach etwa 14 mittleren Verweilzeiten arbeitete der Kristallisator stabil. Nach 20 mittleren Verweilzeiten wurde der Versuch beendet und die Korngrößenverteilung des Kristallbettes durch eine Siebanalyse bestimmt. Das Ergebnis der Analyse ist zusammen mit der daraus abgeleiteten Anzahlverteilungsdichte in der Tab. 6–1 zusammengefaßt und in Abb. 6–2 dargestellt. Die Gerade, die die Meßpunkte ausgleicht, wird durch die beiden Punkte

$$L_1 = 0 \qquad n_1 = 5{,}6 \cdot 10^{15} \, \frac{\mathrm{St}}{\mathrm{m^3\,m}}$$

$$L_2 = 0{,}3 \cdot 10^{-3}\,\mathrm{m} \qquad n_2 = 10^{10} \, \frac{\mathrm{St}}{\mathrm{m^3\,m}}$$

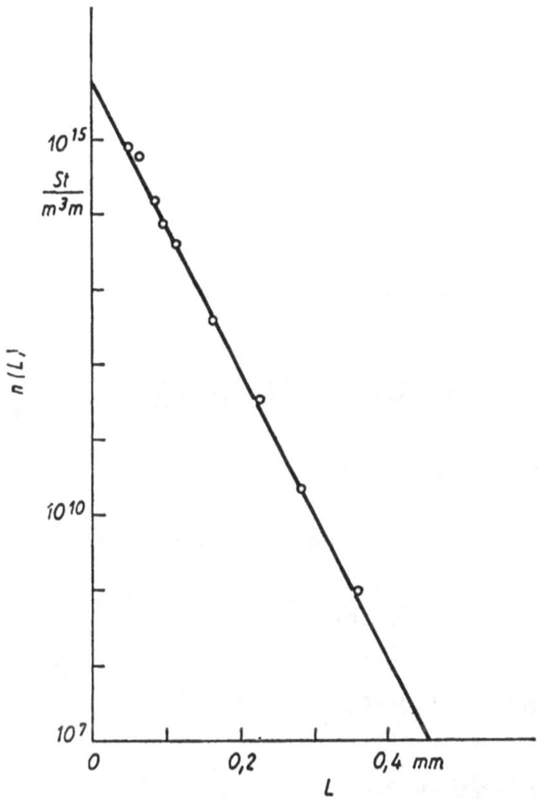

Abb. 6–2. Experimentell gefundene Anzahldichteverteilung

Tabelle 6–1

Korngrößenverteilung eines Kristallbettes

Siebmaschen-weite (mm)	m_i (g)	$\bar{L}_i$ (mm)	ΔL_i (mm)	$\bar{m}_{1i}$ (10^6 g)	n_i ($St \cdot m^{-4}$)
0,045	4,1	0,0505	0,011	0,108	$7{,}8 \cdot 10^{14}$
0,056	8,5	0,0635	0,015	0,2	$5{,}7 \cdot 10^{14}$
0,071	5,69	0,0805	0,019	0,392	$1{,}53 \cdot 10^{14}$
0,090	2,58	0,095	0,010	0,669	$7{,}7 \cdot 10^{13}$
0,100	6,01	0,1125	0,025	1,185	$4{,}06 \cdot 10^{13}$
0,125	3,39	0,1625	0,075	2,19	$4{,}12 \cdot 10^{12}$
0,200	0,65	0,225	0,050	8,71	$2{,}99 \cdot 10^{11}$
0,250	0,13	0,2825	0,065	17,3	$2{,}31 \cdot 10^{10}$
0,315	0,0138	0,3575	0,085	35,1	$9{,}25 \cdot 10^{8}$
0,400	0,00				

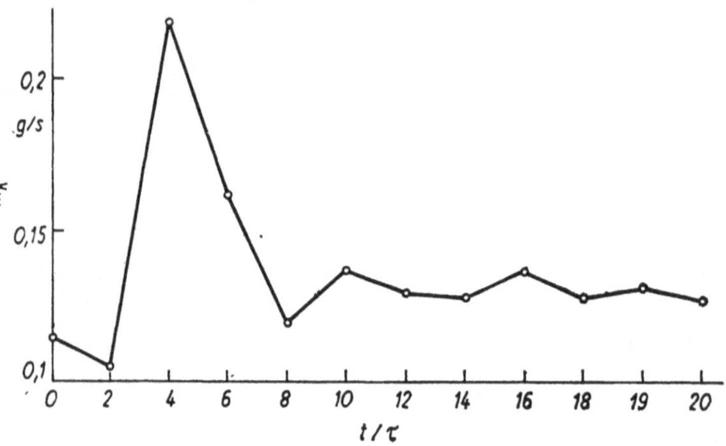

Abb. 6–3. Gemessener Produktmengenstrom als Funktion der Zeit

eindeutig bestimmt. Damit ergeben sich für r_L und r_N folgende Werte:

$$r_L = \frac{1}{\tau} \frac{L_2 - L_1}{\ln \frac{n_1}{n_2}} = \frac{0{,}3 \cdot 10^{-3}}{900 \cdot \ln 5{,}6 \cdot 10^5} = 2{,}52 \cdot 10^{-8} \; \frac{\mathrm{m}}{\mathrm{s}}$$

$$r_N = n_1 r_L = 5{,}6 \cdot 10^{15} \cdot 2{,}52 \cdot 10^{-8} = 1{,}41 \cdot 10^8 \; \frac{\mathrm{St}}{\mathrm{m}^3\,\mathrm{s}}$$

Halbkontinuierliche Verfahren [14, 15]

Halbkontinuierliche Verfahren unterscheiden sich von kontinuierlichen dadurch, daß das Kristallisat nicht kontinuierlich aus dem Kristallisator entfernt wird. Um die Übersättigung im Kristallisator konstant zu halten, speist man kontinuierlich frische, eventuell bereits übersättigte Lösung in die Suspension ein und zieht kontinuierlich die gleiche Menge Lösung ab, um das Arbeitsvolumen konstant zu halten. Die abgezogene Lösung soll möglichst keine Kristalle enthalten. Es gelingt praktisch nicht, die sehr feinen Keime in der Suspension zurückzuhalten. Aus diesem Grunde ist die Untersuchung der Keimbildungsgeschwindigkeit mittels halbkontinuierlicher Methoden zum Zwecke der Modellparameterbestimmung nicht geeignet.

Eine mögliche Versuchseinrichtung zeigt Abb. 6–1. Anstelle des Suspensionsabzuges am Boden wird die Lösung aus der Beruhigungszone entnommen (unterbrochene Linie). Der Versuch verläuft folgendermaßen: Nachdem sich in der Anlage die gewünschten Temperaturen und Konzentrationen eingestellt haben, werden in den Kristallisator Impfkristalle eingegeben, deren Menge und Häufigkeitsverteilung bekannt sind. Nach Ablauf einer bestimmten

Zeit τ wird die Suspension dem Apparat entnommen, der Feststoff abgetrennt, einer Korngrößenanalyse unterzogen und die Anzahlverteilungsdichte der Kristalle berechnet.

Kann vorausgesetzt werden, daß die Kristallwachstumsgeschwindigkeit nicht von der Kristallgröße abhängt, dann ist die Produktkristallverteilung zur Impfkristallverteilung parallel verschoben und die Wachstumsgeschwindigkeit folgt aus dem Abstand zwischen diesen Verteilungen und der Kristallisationszeit. Der Teil der Produktkristallverteilung, der durch Keimbildung entstanden ist, wird dabei nicht berücksichtigt. Ist die Kristallwachstumsgeschwindigkeit korngrößenabhängig, so kann die Auswertung der Verteilungen nur über eine Parameteroptimierung erfolgen. Hierbei ist aber z. Z. noch zu beachten, daß der Einfluß der Wachstumsdispersion auf die Produktkristallverteilung noch ungenügend geklärt ist.

Diskontinuierliches Verfahren

Diskontinuierliche Versuche können entweder so betrieben werden, daß man zu Beginn der Lösung Impfkristalle zusetzt oder die Kristallisation durch homogene Keimbildung initiiert wird. In beiden Fällen ist es wichtig, daß man die Änderung der Temperatur und der Konzentration mit der Zeit so genau mißt, daß die Übersättigung zu jedem Zeitpunkt angegeben werden kann. Die Parameterbestimmung ist kompliziert. Sie muß durch optimale Anpassung der nach dem Gleichungssystem (5–103) bis (5–109) oder einer der vereinfachten Varianten berechneten Funktionswerte an die Meßwerte erfolgen.

6.2. Strömungsverhältnisse in Lösungskristallisatoren

Mit der Gestaltung der Kristallisatoren werden vor allem die Strömungsverhältnisse in Zwei- bzw. Dreiphasendispersionen festgelegt.

Dabei gilt es folgendes zu beachten: An Heiz- oder Kühlflächen soll der Wärmeübergang nicht durch Kristallanwachsungen behindert werden. Konzentrations- und Temperaturverläufe sind so zu beeinflussen, daß es nicht zu unkontrollierten Keimbildungen oder Kristallauflösungen kommt. Todräume sind wegen der dort auftretenden Kristallablagerungen unerwünscht. Ein guter Stoffübergang an den Kristalloberflächen soll erreicht und die mechanische Belastung der Kristalle in Grenzen gehalten werden. Für eine Reihe von Kristallisationsprozessen ist weiterhin wichtig, daß sich in bestimmten Zonen des Apparates vor allem feinkörnige und in anderen grobkörnige Kristalle anreichern. Durch sinnvolle Führung der Strömung sind diese Zielstellungen erreichbar. Eine ausführliche Darstellung dieser Problematik übersteigt jedoch den Rahmen dieses Buches.

Gegenwärtig ist aber eine Berechnung der Strömungsverhältnisse in Kristallisatoren nur zum Teil möglich.

Werden die unterschiedlichen Kristallisatoren verglichen, so ist zu erkennen, daß zwei Strömungsregime relativ häufig auftreten: Die intensiv durchmischte Suspension und das Wirbelbett, zu deren Charakterisierung empirische Beziehungen ausgearbeitet wurden.

6.2.1. *Gerührte Suspensionen*

Gerührte Suspensionen werden nach dem Grad der Suspendierung beurteilt. Eine vollständige Suspension liegt vor, wenn einzelne Teilchen nicht länger als 1···5 s am Gefäßboden verweilen und dann wieder hochgewirbelt werden. Eine 100%ige Suspendierung ist erreicht, wenn kein Teilchen auf dem Gefäßboden zur Ruhe kommt. Bei einer homogenen Suspension ist der Volumenanteil des Feststoffes an allen Orten der Suspension etwa gleich.

Für Kristallisationsprozesse ist nach heutigen Erkenntnissen die vollständige Suspendierung ausreichend. Um abschätzen zu können, ob dieser Suspendiergrad erreicht ist, benutzt man die sogenannte Suspendierdrehzahl. Zu deren Berechnung sind in den vergangenen Jahren eine Reihe halbempirischer Gleichungen für Rührwerke mit Strombrechern veröffentlicht worden. Als Beispiel sei die Gleichung von LIEPE [8] angegeben:

$$Fr_S = \frac{n_S{}^2 d_R \varrho_K}{\varrho_K - \varrho_L} = c_S \left(\frac{L}{d_R}\right)^{b_1} \varphi_M{}^{b_2}$$

Die Rührerleistung, die unter diesen Bedingungen aufgebracht werden muß, berechnet man nach folgendem Ansatz:

$$N = c_N \varrho_S n^3 d_R^5$$

Der Leistungsbeiwert c_N und der Suspendierbeiwert c_S sind von der Geometrie der Rührereinrichtung abhängig. In der genannten Spezialliteratur sind Diagramme enthalten, aus denen die Zahlenwerte dieser Koeffizienten entnommen werden können.

6.2.2. *Die Flüssigkeitswirbelschichten*

Wirbelschichten sind bei Kristallisatoren sowohl in der klassischen Form als auch in Form von Sprudelschichten und als Wirbelbetten in Kristallisatoren mit äußerem und innerem Umlauf bekannt. Sie können durch die Wirbelpunktsgeschwindigkeit, die Austragsgeschwindigkeit und die Beziehung zwischen Geschwindigkeit des Wirbelmediums und Bettexpansion teilweise charakterisiert werden.

Die Austragsgeschwindigkeit für einzelne Teilchen können nach folgenden Gleichungen berechnet werden:

$$W_A = \left[\frac{4}{3} \frac{\varrho_K - \varrho_L}{\varrho_K} \frac{gL}{\zeta}\right]^{1/2}$$

Kugelförmige Teilchen:

$$\zeta = \frac{24}{\mathrm{Re}} \qquad \text{für Re} < 0{,}1$$

$$\zeta = \frac{24}{\mathrm{Re}} + \frac{4}{\mathrm{Re}^{1/2}} + 0{,}4 \quad \text{für } 0{,}1 < \mathrm{Re} < 10^3$$

$$\zeta = 0{,}44 \qquad \text{für } 10^3 < \mathrm{Re} < 3 \cdot 10^5$$

Nach Brauer [9] kann auch für den gesamten Bereich die folgende Gleichung

$$\zeta = \frac{24}{\mathrm{Re}} + \frac{3{,}73}{\mathrm{Re}^{1/2}} - \frac{4{,}83 \cdot 10^{-3} \cdot \mathrm{Re}^{1/2}}{1 + 3 \cdot 10^{-6}\,\mathrm{Re}^{3/2}} + 0{,}49 \qquad 0 < \mathrm{Re} < 3 \cdot 10^5$$

benutzt werden.

Kreiszylinder:

Bei Länge/Dicke $\to \infty$ gilt nach Brauer [9]

$$\zeta = \frac{6{,}8}{\mathrm{Re}^{0,89}} + \frac{1{,}96}{\mathrm{Re}^{0,5}} - \frac{1}{\frac{2{,}5 \cdot 10^3}{\mathrm{Re}} + \frac{\mathrm{Re}}{1{,}1 \cdot 10^3}} + 1{,}18$$

Für kürzere Kreiszylinder sinkt der Widerstandsbeiwert. Bei Länge/Dicke $\simeq 5$ auf 70···80% obiger Werte im Bereich $10^3 < \mathrm{Re} < 5 \cdot 10^5$.

Scheibenförmige Teilchen:

$$\zeta = \frac{64}{\pi \cdot \mathrm{Re}} \qquad \text{bei Re} < 0{,}5$$

$$\zeta = 1{,}1 \qquad \text{bei } 10^3 < \mathrm{Re} < 10^6$$

Zur Berechnung der Wirbelpunktsgeschwindigkeit und der Bettexpansion von Flüssigkeitswirbelschichten hat Garside [10] eine empirische Gleichung veröffentlicht. Er bezieht die experimentellen Ergebnisse von fünfzehn in der Literatur veröffentlichten Arbeiten in seine Analyse ein.

$$\frac{w_R - A}{B - w_R} = 0{,}06\,\mathrm{Re}_A{}^{\varrho+0,2}$$

$$\varphi = \frac{V_L}{V_L + V_K}; \quad A = \varphi^{4,14}; \quad w_R = \frac{w_\varphi}{w_A}$$

$$\mathrm{Re}_A = \frac{w_A L \varrho_L}{\mu_L}; \quad B = \varphi^{1,8}; \quad w_\varphi = \frac{w_0}{\varphi}$$

Die Gleichung gilt sowohl für laminare und turbulente Strömung als auch für den Übergangsbereich. Zur Berechnung der Wirbelpunktsgeschwindigkeit ist in der eben formulierten Beziehung das Lückenvolumen am Wirbelpunkt einzusetzen. Es liegt oft im Bereich $\varphi_W = 0{,}4 \dots 0{,}45$. Nach WEN und YU [11] kann es auch mit folgender Gleichung näherungsweise berechnet werden:

$$\frac{1 - \varphi_W}{\varphi_W^3} = 11 \cdot f_A^2$$

$$f_A = \frac{\text{Oberfläche einer volumengleichen Kugel}}{\text{Partikeloberfläche}}$$

Eine erfolgreiche Bestimmung der in den vorgestellten Modellen enthaltenen Parameter erfordert neben der experimentellen Arbeit und der sinnvollen Anwendung der geeigneten Modelle auch einige Erfahrung bei der Nutzung dieser Größen zur Berechnung industrieller Kristallisatoren.

Literatur

[1] MULLIN, J. W.: "*Crystallization*", Butterworths, London 1972
[2] NYVLT, J.: „Kristallisazija is rastworow", Chimija, Moskau 1974
[3] NYVLT, J.: "*Solid-Liquid Phase Equilibria*", Elsevier and Academia, Prag 1977
[4] KATTANEK, S.; GRÖGER, R.; BODE, C.: „*Ähnlichkeitstheorie*", VEB Deutscher Verlag für Grundstoffindustrie, Leipzig 1967
[5] BOURNE, J. R.; SHARMA, R. N.: Chem. Eng. J. (1974) *8*, 243–251
[6] BOURNE, J. R.: Industrial Crystallization 78 (Hrsg.: DE JONG, E. J.; JANCIC, S. J.), S. 215–223, North-Holland Publishing Company, Amsterdam 1979
[7] MERSMANN, A.; EINENKEL, W. D.; KÄPPEL, M.: Chem.-Ing.-Techn. 47 (1975), 953–964
[8] LIEPE, F.: Chem. Technik **19** (1967), 650–656
[9] BRAUER, H.; SUCKER, D.: Chem.-Ing.-Techn. **48** (1976), 665–671
[10] GARSIDE, J.; AL-DIBOUNI, M.: Ind. Eng. Chem., Process Des. Dev. **16** (1977) *2*, 205–214
[11] WEN, C. Y.; YU, Y. H.: AIChE J. **12** (1966), 610–615
[12] RANDOLPH, A. D.; LARSON, M. A.: "*Theory of Particulate Processes*", Academic Press, New York 1971
[13] NYVLT, J.: Kristall und Technik 8 (1973), 595–602
[14] MULLIN, J. W.; GARSIDE, J.: Trans. Inst. Chem. Engrs. (London) **45** (1967), 291–298
[15] LAGERIE, C.; ANGELINO, H.: siehe [6], S. 377–384

FSC
www.fsc.org
MIX
Papier | Fördert gute Waldnutzung
FSC® C083411

Zeitfracht Medien GmbH
Ferdinand-Jühlke-Straße 7
99095 Erfurt, Deutschland
produktsicherheit@kolibri360.de